Kerber/Stirl

Weichen und Kreuzungen auf Modellbahnanlagen

Die Modellbahn-Werkstatt

WEICHEN UND KREUZUNGEN

auf Modellbahnanlagen

Georg Kerber Andreas Stirl

transpress

Einbandgestaltung: Nicole Lechner

Das Titelbild und alle anderen Fotos stammen von Andreas Stirl,
die Zeichnungen von Georg Kerber.
Wir danken Herrn Demmig und seinen Kollegen vom Weichenwerk Brandenburg
für die freundliche Unterstützung.

ISBN 3-613-71059-5

Ein Unternehmen der Paul Pietsch Verlage GmbH + Co
1. Auflage 1997

Lektor: Claus-Jürgen Jacobson
Herstellung: Katharina Jüssen
Repro: Repro Schmid, 70469 Stuttgart
Druck: Gulde-Druck GmbH, 72070 Tübingen
Bindung: K. Dieringer, 70839 Gerlingen
Printed in Germany

Inhaltsverzeichnis

Einleitung

Die Fortbewegung von Fahrzeugen in gemeißelten Steinrinnen war schon im grauen Altertum bekannt, im antiken Griechenland gab es sogar Weichen. Dann geriet diese Zwangsführung von Fahrzeugen über Jahrhunderte wieder in Vergessenheit, um mit der Entwicklung des Erzbergbaus im 14. Jahrhundert wieder entdeckt zu werden.
Mit dem Bau der ersten Gleise und Fahrzeuge der eigentlichen Eisenbahn mußten zwangsläufig auch Weichen konstruiert werden, um die Bildung von Gleisnetzen zu ermöglichen. Bis in das Jahr 1791 reichen die Pläne dafür zurück, die von dem Engländer John Curr stammen. »Turnout« nannte dieser seine Konstruktion und er meinte damit wörtlich: »Weiche aus!«
Die in mehr als 150 Jahren Eisenbahngeschichte historisch entstandenen Weichenkonstruktionen sind die ausschließlichen Vorbilder der Weichenmodelle der Modellbahnindustrie. Inzwischen gibt es aber auf den Neubaustrecken eine völlig neue Generation von Weichen: Zweiggleisbögen mit bis zu 10.000 m Halbmesser sind keine Seltenheit und bewegliche Herzstücke, Zwischenverschlüsse sowie frei schwingende Fahrbahnbefestigungen gehören zum Weichenstandard. Die Modellbahnindustrie hat diese modernen Formen noch nicht in Ihrem Angebot, so daß im vorliegenden Band das Hauptaugenmerk auf die »konventionellen« Weichenkonstruktionen gelegt wird.
Die Möglichkeit zur Netzbildung ist für den Modellbahner Dreh- und Angelpunkt aller Betriebsführungen auf einer Anlage. Daher kann es Weichen und Kreuzungen en miniature nicht genug geben. Dabei entstehen oft die tollsten Konstruktionen, sind doch Längen- und Breitenausdehnungen solcher Modellgleisnetze kaum mit denen des Vorbilds zu vergleichen.
Anliegen dieses Bandes ist es, vom Vorbild auf Modellverhältnisse zu folgern, hier sinnvolle und vorbildähnliche Lösungen zu empfehlen und Ratgeber beim Um- und Neubau von Weichen und Kreuzungen in verschiedenen Spurweiten zu sein.

1
Grundlagen

Die Tatsache, daß der Grundgedanke von der Schaffung eines starren Gleisrahmens, bestehend aus Herzstück und Backenschienen, ergänzt durch die beweglich gestalteten Zungen im Prinzip seit über 200 Jahren unverändert geblieben ist, spricht für die geniale ursprüngliche Gestaltung. Dagegen variieren die Weichen der verschiedenen Bahnverwaltungen im Detail um so mehr.
Die außerordentliche Vielfalt an geometrischen und konstruktiven Unterschieden der Weichen bei den früheren Ländereisenbahnen, den sog. Länderweichen, fand in Deutschland bei den Normalspurbahnen einen vorläufigen Abschluß durch die Entwicklung der Reichsbahnweichen in den Jahren 1927 bis 1938. Ausgehend von neugeschaffenen geometrischen Grundlagen wurde seinerzeit ein einheitliches Weichensystem mit den Elementen des Reichsbahnoberbaus K entwickelt, das im Wesentlichen noch heute besteht.
In den letzten Jahren ist durch die Einführung der Schiene R 65 bei der DR und S 60 bei der DB die Entwicklung von Weichen mit diesen Schienenformen notwendig geworden. Dabei galt es, die gesammelten Erkenntnisse der vergangenen Jahrzehnte zu berücksichtigen, die auch für verbesserte Weichen mit der Schiene 49 verwertet wurden.
Auch die Entwicklung der Gleissysteme bei den Modelleisenbahnen erfuhr in dieser Zeit eine durchgreifende Straffung und Systematisierung, was mit einer eindeutigen Hinwendung zu mehr Vorbildtreue auch bei den Industrieerzeugnissen verbunden war. Das umfangreichste Systematisierungsprogramm ist das 1:3,73er-System, das Anfang der 60er Jahre unter maßgeblicher Beteiligung von Prof. H. Kurz am Betriebsfeld der damaligen Hochschule für Verkehrswesen (HfV), Dresden entwickelt wurde. Grundlage dieses Systems, das auch von der Modellbahnindustrie in großen Teilen übernommen wurde, ist z.B. in der Nenngröße H0 die maßstäbliche Verkleinerung der Breitenabmessungen im Verhältnis 1:83 während die Längenabmessungen im Maßstab 1:200 verkleinert werden. So ist z.B. der Gleisabstand auf einer H0-Anlage der Epoche III

3750 mm : 83 = 45 mm,

die Nutzlänge eines 650 m langen Überholungsgleises in einem Bahnhof schrumpft jedoch im Modell auf

650 000 mm : 200 = 3250 mm,

was schließlich immer noch zu groß ist, so daß diese Länge auch nur für eine Großanlage, wie sie z.B. im Betriebsfeld der HfV existiert, zu akzeptieren ist.

Rechnet man nun die Regelneigung 1:9 der Reichsbahnweiche EW 49-190-1:9 in diesen Maßstäben um, so erhält man ein Neigungsverhältnis von

1/83 : 9/200 = 0,2677355 = 1 : 3,7350295

was annähernd dem Tangens von 15° (1 : 3,73) entspricht, der Standardneigung aller Regelweichen in den meisten Gleissystemen der Nenngröße H0. Ein Maßstabsvergleich dieser 1:3,73-Weiche mit der genannten Regelweiche zeigt verblüffende Ähnlichkeiten und beweist die Weitsicht dieses Systems.

1.1

Begriffe

Definition: Weichen sind Oberbaukonstruktionen, die Schienenfahrzeugen den Übergang von einem Gleis auf ein anderes ohne Unterbrechung der Fahrt ermöglichen.

Weichen werden an verschiedenen Stellen eines Gleisnetzes mit unterschiedlichem Zweck angeordnet, z.B.

- auf Bahnhöfen
  - zum Bilden und Auflösen von Zügen sowie zum Bedienen der Zusatzanlagen,
  - zum wechselseitigen Benutzen von Bahnsteiggleisen durch Reisezüge,
  - zum Kreuzen und Überholen von Zügen,
- auf der freien Strecke bei Abzweig- oder Anschlußstellen
  - zur Streckentrennung bzw. zum Bedienen von Anschlußbahnen,

- für Sonderzwecke
  - als mehrspurige Weichen zum Zusammenführen von Gleisen mit verschiedenen Spurweiten,
  - als Mehrwegeweichen an den Anlegestellen von Eisenbahnfährschiffen.

Nachstehend werden einige Fachbegriffe erläutert, die für das Verständnis der Ausführungen zu Weichenkonstruktionen sowohl beim Vorbild als auch im Modell notwendig sind. Dabei wird das Wort Weiche als übergeordneter Fachausdruck für Weichen, Kreuzungen und Kreuzungsweichen verwendet, um die wiederholte, umständliche Aufzählung zu vermeiden. Technisch muß jedoch zwischen diesen unterschieden werden.

In Gleis- und Lageplänen werden Weichen, Gleissperren und Kreuzungen nach DV (Dienstvorschrift) 832 »Zeichen und Muster für Signalpläne« vereinfacht dargestellt. Für die Konstruktion der Weichen ist hingegen das »Fahrkantenbild« entscheidend. Das Fahrkantenbild ist die Darstellung einer Weiche im Grundriß, in der - unter Weglassen konstruktiver Details - nur die Fahrkanten der Fahr- und Führungsschienen gezeichnet sind. Dabei wird unter der Fahrkante die Linie verstanden, an der ein Rad eines im Gleis laufenden Radsatzes die Flanke einer Fahr- oder Führungsschiene mit dem Spurkranz berührt. Am Fahrkantenbild einer einfachen Weiche lassen sich weitere Fachbegriffe erklären.

Eine *einfache Weiche* ist eine Weichenkonstruktion, die nur ein Stamm- und ein Zweiggleis besitzt. Das Stammgleis ist bei geraden Weichen das gerade Gleis, bei Bogenweichen erstens das ursprünglich gerade Gleis der dazugehörigen Weichengrundform oder zweitens das betrieblich bevorzugte bzw. stärker befahrene Gleis. Das Zweiggleis ist danach das Gleis einer Weiche, das von dem Stammgleis abzweigt. Dieser Abzweig erfolgt im allgemeinen als Kreisbogen. Aus Verschleißgründen wird neuerdings bei Weichen, die mit hohen Geschwindigkeiten befahren werden, der Abzweig zunächst (im Zungenbereich) als Parabel ausgebildet, dem sich ein Kreisbogen anschließt (Weiche mit Parabelzungen).

Die *Backenschiene* ist eine bearbeitete Schiene, die als fester Teil der Zungenvorrichtung für die anliegende Weichenzunge als Anlage und im Bereiche der abliegenden Weichenzunge als Fahrschiene dient. Unmittelbar damit im Zusammenhang stehen die Weichenzungen, die ebenfalls aus bearbeiteten Schienenprofilen bestehen und die konstruktiv als bewegliche Teile der Zungenvorrichtung ausgebildet sind. Durch Umstellen dieser Zungen (wechselseitiges An- oder Ablegen an die

Fahrkantenbild einer einfachen Weiche (EW)
1 Backenschiene; 2 Weichenzunge; 3 Zweischenschiene;
4 Fahrschiene; 5 Radlenker; 6 Flügelschiene; 7 Herzstückspitze;
7+8 einfaches Herzstück; WA Weichenanfang; WM Weichenmitte; WE Weichenende

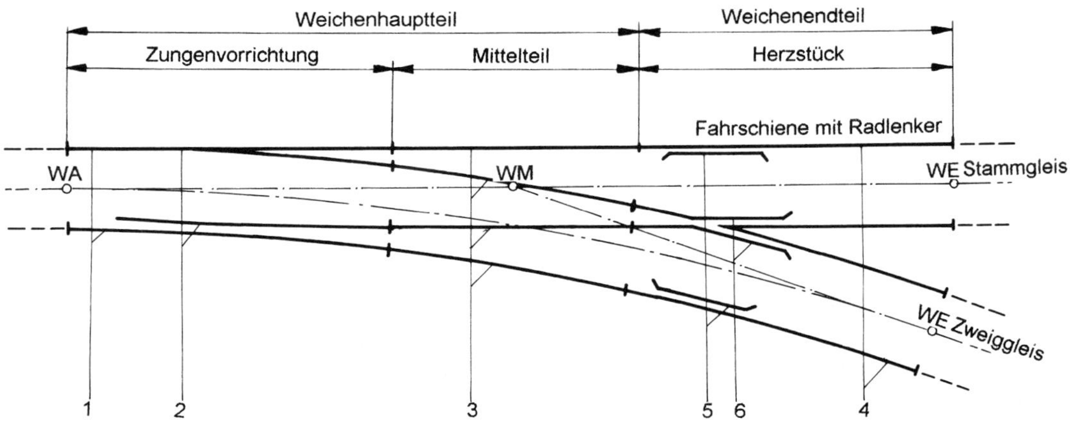

Einfache, regelspurige Weiche nach Reichsbahnnorm. Mit einer Herzstückneigung von 1:6,6 und einem Zweiggleishalbmesser von 150 m gehört diese Rechtsweiche zu den Steilweichen und darf nur in untergeordneten Gleisen (hier einem Anschlußgleis) verlegt werden. Bemerkenswert ist die Ausführung auf Stahlschwellen, während die anschließenden Gleise auf Stahlbetonschwellen verlegt sind. In den Übergängen wurden Holzschwellen verwendet.

Moderne Linksweiche mit 1:12 Herzstückneigung und 1200 m Zweiggleishalbmesser. Der Unterbau besteht aus Stahlbetonschwellen, die sowohl im herkömmlichen Schotterbett als auch auf plattenförmigen Fahrbahnen (mit Bitumenverguß) verlegt werden können. Die Teilung der Schwellen im Zweiggleis hat transporttechnische Gründe: Damit die Weiche komplett montiert vom Weichenwerk zur Einbaustellte transportiert werden kann, darf eine vorgegebene Transportbreite (Regellichtraumprofil) nicht überschritten werden. Somit werden die Teile des Zweiggleises gesondert transportiert und erst beim Einbau mittels Laschen angeschlossen.

Backenschienen) wird das Befahren des einen oder anderen Fahrweges ermöglicht.

Die *Zwischenschienen* verbinden die Zungenvorrichtung mit dem Herzstück. Das *Herzstück* einer Weiche ist ein Weichengroßteil, das den ungehinderten Lauf der Räder an der Durchschneidungsstelle zweier Schienenstränge ermöglicht. Zum einfachen Herzstück gehören außerdem die beiden *Flügelschienen*, die meistens mit dem Herzstück fest verbunden sind. Diese Flügelschienen sind abgeknickte, an den Köpfen und Füßen einseitig bearbeitete äußere Schienen des Herzstücks, die der sicheren Führung der Räder in der Herzstücklücke dienen. Dem gleichen Zweck (Führung der Räder im unterbrochenen Fahrschienenbereich) dienen auch die *Radlenker*, die als Schienenstücke oder als besonders geformte Profilstähle ausgebildet sind.

Neben den einfachen Weichen gibt es noch eine Vielzahl von weiteren Weichenkonstruktionen, deren Haupvertreter im folgenden beschrieben werden.

Doppelweichen sind Weichen, die ein Stammgleis und zwei Zweiggleise besitzen. Im Prinzip ist die Doppelweiche aus zwei vereinigten einfachen Weichen entstanden. Wegen des hohen Verschleißes der Bauteile sind Doppelweichen beim Vorbild höchst selten und nur im Trajektbereich von Eisenbahnfähren (oft auch auf dem Fährschiff selbst) anzutreffen.

Kreuzungen sind Oberbaukonstruktionen, die Schienenfahrzeugen das Befahren zweier einander

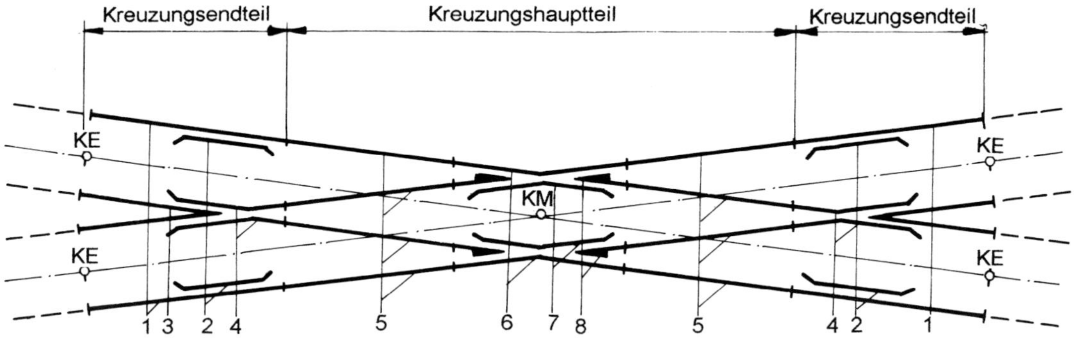

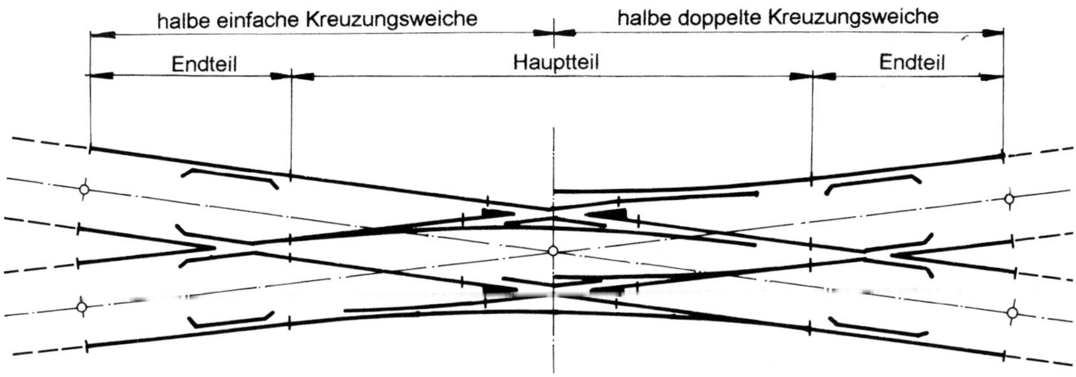

Abbildung oben:
Fahrkantenbild einer Kreuzung (Kr)
1 Fahrschiene; 2 Radlenker; 3 Herzstückspitze; 4 Flügelschiene 5 Zwischenschiene; 6 Knieschiene; 7 Radlenker; 8 Herzstückspitze; 6+7+8 doppeltes Herzstück; KE Kreuzungsende KM Kreuzungsmitte;

Abbildung unten:
Fahrkantenbild einer einfachen/doppelten Kreuzungsweiche mit innenliegenden Zungenvorrichtungen; links: halbe einfache Kreuzungsweiche (EKW), rechts: halbe doppelte Kreuzungsweiche (DKW).

durchschneidenden Gleise ermöglichen. Eine Kreuzung besitzt ein Hauptteil und zwei Endteile. Wo sich die Schienen der beiden kreuzenden Gleise durchschneiden, entstehen in den Kreuzungsendteilen einfache und im Kreuzungshauptteil doppelte Herzstücke. Der Rhombus in der Mitte der Zeichnung wird Kreuzungsviereck genannt.
Durch Einlegen von einem oder zwei Zweiggleis(en) in die Kreuzung entstehen einfache oder doppelte *Kreuzungsweichen.*
Kreuzungsweichen sind Oberbaukonstruktionen, die Schienenfahrzeugen sowohl das Befahren zweier sich durchschneidender Gleise als auch den Übergang von einem Gleis auf ein anderes ohne Unterbrechung der Fahrt ermöglichen. Nach der Lage der Zungenvorrichtungen unterscheidet man Kreuzungsweichen mit innerhalb oder außerhalb des Kreuzungsvierecks liegenden Zungenvorrichtungen (Kurz: Innen- oder außenliegende Zungen).Während Kreuzungsweichen mit innenliegenden Zungen wie Kreuzungen ein Hauptteil und zwei Endteile besitzen, kann man bei Kreuzungsweichen mit außenliegenden Zungen eine solche Aufteilung nicht vornehmen. Neben den doppelten Herzstücken im Weichenhauptteil besitzen diese Weichen im Bereich der Endteile noch zwei dreifache Herzstücke, die durch das Zusammenfassen von zwei oder drei einfachen, gleichgerichteten Herzstückspitzen entstehen. Im südeuropäischen Raum werden diese Weichen nach ihrem Konstrukteur auch »Baeseler«-Weichen genannt.
Alle bis hier beschriebenen Weichenformen sind in der Grundform als gerade Weichen konzipiert, d.h. mit geradem Stammgleis. Bei geraden Kreuzungen sind die sich kreuzenden Gleise gerade. Natürlich können alle Weichen und Kreuzungen auch im

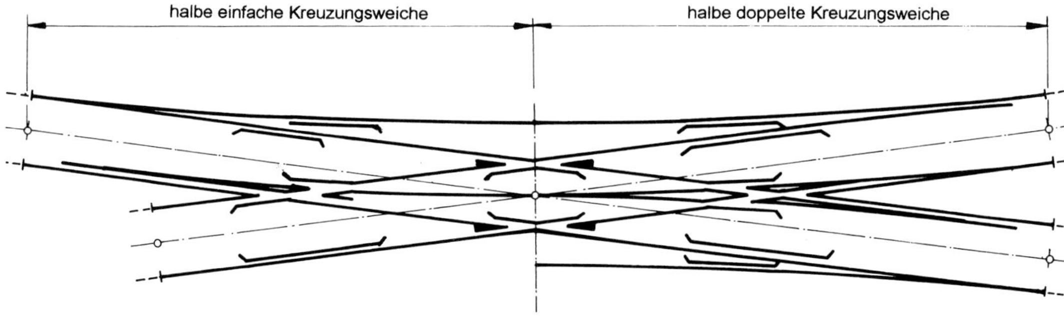

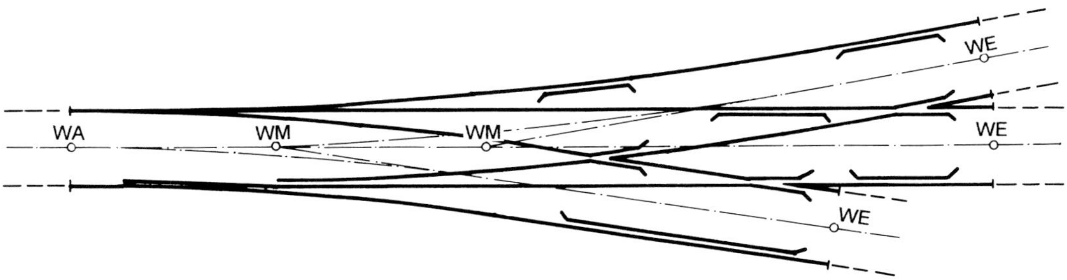

Abbildung oben:
Fahrkantenbild einer einfachen/doppelten Kreuzungsweiche mit außenliegenden Zungenvorrichtungen; links: halbe einfache Kreuzungsweiche (EKW), rechts: halbe doppelte Kreuzungsweiche (DKW).

Abbildung unten:
Fahrkantenbild einer Doppelweiche (DW); WA = Weichenanfang, WE = Weichenende, WM = Weichenmittelpunkt.

Bogen verlegt werden. Diese Konstruktionen bezeichnet man als *Bogenweichen* (BW) und *Bogenkreuzungen* (BKr). Charakteristisch für Bogenweichen ist, daß auch das Stammgleis gebogen ist. Nach der Krümmung des Stamm-und Abzweiggleises wird in Außenbogenweichen (ABW) und Innenbogenweichen (IBW) unterschieden. Die gleiche Unterteilung läßt sich bei den Bogenkreu-

Von Pilz (Tillig-Modellbahnen) ist in H0 das Standard- sowie das Elite-Gleis (für höhere Ansprüche) im Handel. Aus dem Weichensortiment beider Systeme hier eine Auswahl (von l. nach r.): Einfache Weiche 15°, 484 mm Zweiggleishalbmesser; Einfache Weiche 15°, 866 mm Zweiggleishalbmesser und einfache Weiche 12°, 1350 mm Zweiggleishalbmesser. Alle genannten Weichen stammen aus dem Elite-Programm. Aus dem Standardprogramm folgen: Einfache Weiche 7,5°, 2105 mm Zweiggleisradius und doppelte Kreuzungsweiche 15° mit 600 mm Zweiggleisradius. Auffällig bei den Weichen des Standardprogramms sind die massiv gegossenen Herzstück-Flügelschienenpartien, während die Weichen aus dem Elite-Programm Schienenherzstücke besitzen.

Tabelle 1
Oberbaukonstruktion/Weichenformen

Weiche		Kreuzung		Kreuzungsweiche	
Gerade Weiche	Bogenweiche	gerade Kreuzung	Bogenkreuzung	Gerade Kreuzungsweiche	Bogenkreuzungsweiche
EW DW	IBW ABW	Kr	BKr	EKW DKW	EIBKW EABKW DBKW

zungsweichen vornehmen: Je nach Verlauf der Krümmung bezeichnet man diese als einfache Außenbogenkreuzungsweiche (EABKW), einfache Innenbogenkreuzungsweiche (EIBKW) oder doppelte Bogenkreuzungsweiche (DBKW). Die Tabelle 1 faßt alle hier genannten Weichenformen zusammen.
Für den Modelleisenbahnbau gilt zunächst, daß die hier beschriebenen Definitionen und Unterscheidungen grundsätzlich auch für die Nachbildungen im Modell gelten. Gleichermaßen gilt, daß sich alle Weichen und Kreuzungen des Vorbildes auch im Modell nachbilden lassen. Unterschiede gibt es allerdings in der Beurteilung der Wertigkeit der verschiedenen Arten gegenüber dem Vorbild, sowie in Geometrie und Konstruktion.
Hauptkriterium für die Anschaffung und das Verlegen von Weichen und Kreuzungen beim Vorbild ist deren betriebliche Notwendigkeit und deren Kosten bei der Anschaffung, Verlegung und Unterhaltung. Das führte dazu, daß nach der Vereinigung der beiden deutschen Bahnverwaltungen viele Weichen ausgebaut und deren Anschlüsse stillgelegt wurden. Mit der Auflösung fahrtechnisch komplizierter und aufwendig zu unterhaltender Konstruktionen sind alle europäischen Bahnverwaltungen schon seit Jahren bestrebt, z.B. doppelte Kreuzungsweichen in einfache Weichen aufzulösen (eine DKW kann durch vier EW ersetzt werden). Doppelweichen sind nur ganz selten anzutreffen und symmetrische Doppelweichen (bei der Modellbahnindustrie als »Dreiwegeweichen« bezeichnet) sind nur in zwei oder drei Fällen bekannt.
Ganz anders liegen die Verhältnisse in der Regel auf der Modelleisenbahnanlage. Die »Lust«, viele Gleise zu verlegen, ist groß und der permanente Platzmangel erfordert geradezu solche »platzsparende« Konstruktionen wie doppelte Kreuzungsweichen und Doppelweichen, wobei die Anschaffungskosten eher eine untergeordnete und die Unterhaltung überhaupt keine Rolle spielen. Auch die betriebliche Notwendigkeit ist oftmals kein Argument. Den fahrdynamischen Aspekt sollte man jedoch nicht außer acht lassen: Je mehr führungslose Stellen im Gleis und je größer deren Lücken, um so geringer wird die Sicherheit der Modellfahrzeuge in diesen Bereichen. Das betrifft sowohl das Fahrverhalten als auch die Kontaktsicherheit für die Spannungsversorgung.
Wer seine Weichen selber baut, kommt um das Zeichnen eines maßstäblichen Fahrkantenbildes nicht herum. Einige Kleinserienhersteller, die auch die dafür notwendigen Schienen, Schwellen und das Kleineisen führen, haben solche Zeichnungen für die wichtigsten Konstruktionen in ihrem Angebot.

1.2

Weichenarten

Definition: Die Weichenart bezeichnet eine Weiche nach der Art der Abzweigung oder Kreuzung der einzelnen Fahrwege.

Weichen können nach einer Vielzahl von geometrischen und konstruktiven Merkmalen eingeteilt werden, je nachdem, welchen Zweck man mit einer solchen Unterteilung verfolgt. Vorzugsweise wird jedoch die Einteilung der Weichen nach den Weichenarten (Tabelle 1) vorgenommen.

In Tabelle 2 werden alle Merkmale der Unterteilung von Weichen und Kreuzungen aufgeführt, die auch Voraussetzungen für eine einheitliche Weichenbezeichnung sind.
Im Modell gibt es - was die geometrischen Merkmale der Weichen betrifft – wesentliche Unterschiede zum Vorbild, hauptsächlich bei den Zweiggleishalbmessern und den Weichenneigungen. Aus der Abhängigkeit dieser beiden Werte ergeben sich die Tangentenlängen als wichtigste Hauptmaße der Weichenkonstruktion:

$$t = R \cdot \tan \frac{\alpha}{2}$$

(t = Tangentenlänge, R = Radius des Abzweiggleises, α = Weichenneigung in °). Daraus ergeben sich Tangentenlängen beim Vorbild von 12,611 m, was in der Nenngröße H0 einem Maß von 145 mm entspricht. Wegen der extremen Verzerrung der Gleisgeometrie im Modell ist hier jedoch eine linear-maßstäbliche Abhängigkeit nicht möglich. So sind Tangentenlängen von 47,5 mm bei Modellradien um 360 mm und Herzstückneigungen von 1:3,73 (15°) in der Nenngröße H0 durchaus üblich. In Länge und Breite maßstäbliche Weichenkonstruktionen im Modell zu bauen, ist somit nur auf der Basis des Selbstbaus möglich.

1.3 Weichenbezeichnungen

Die Weichenbezeichnung dient der eindeutigen Identifizierung der Weichenkonstruktionen. Dabei werden alle geometrischen und konstruktiven Merkmale in einer Kurzformel mit festgelegten, in bestimmter Reihenfolge angeordneten Abkürzungen und Schriftzeichen angegeben. Wegen der Möglichkeit, Bogenweichen aus Weichengrundformen mit geraden Stammgleisen bzw. Kreuzungsgleisen zu biegen, wird hier mit dem Kürzel Gdf auf diese ursprüngliche Grundform verwiesen.
Gerade Weichen werden mit einer Kurzform bezeichnet, die in der Reihenfolge die Begriffe für Weichenart, Schienenform, Zweiggleishalbmesser in m, Neigung, Abzweigrichtung, Zungenart und Schwellenart enthält.
So bestimmt die Formel

EW 49-500-1:12-r-Fsch-(Hh)

eine einfache Weiche mit Schienen der Form S 49, Abzweigradius 500 m, Neigung der Abzweigung 1:12, Abzweigrichtung rechts, Federschienenzungen auf Hartholzschwellen.
Weitere Kurzbezeichnungen gerader Weichen könnten z.B. sein:

DKW 49-190-1:9-Fsch-(St)

für eine doppelte Kreuzungsweiche, oder

Tabelle 2

Geometrische Weichenart		EW; EKW; DKW; DW; IBW; EIBKW; EABKW; DBKW, Kr, Bkr
Merkmale	Zweiggleisradius	150, 190, 215, 300, 500, 1200
	Weichenneigung	1:4,8; 1:6,6; 1:7,5; 1:9; 1:12; 1:14; 1:18,5
	Abzweigrichtung	links (l), rechts (r)
Konstruktive Bauart		Reichsbahnweichen, Länderweichen
Merkmale	Schienenform	S 49, R 65, S 64
	Zungenart	Gelenkzunge (Gz), Federzunge (Fz), Federschienenzunge (Fsch)
	Schwellenart	Holz (H), Hartholz (Hh), Weichholz (Hw), Stahl (St), Beton (B)

EKW 49-190-1:9-l-Fsch-(Hh)

für eine einfache Kreuzungsweiche. Logischerweise enthält die Kurzbezeichnung für die DKW keine Angaben zur Abzweigrichtung, da sie nach beiden Seiten Abzweigmöglichkeiten hat.

Bogenweichen werden mit einer ähnlichen Formel bezeichnet wie gerade Weichen. Zusätzliche Angaben werden zum Halbmesser der Bogenweiche, zur Weichengrundform, aus der die Bogenweiche hervorgegangen ist und zu den Radien des Zweiggleishalbmessers der Grundform gemacht. So bezeichnet die Formel

IBW-1000/333-Gdf 49-500-1:12-l-Fsch-(Hh)

eine Innenbogenweiche, deren Stammgleis in einem Bogen mit 1000 m Radius und deren Zweiggleis in einem 333-m-Radius verläuft. Hervorgegangen ist diese Weiche aus der Grundform einer

EW 49-500-1:12-l-Fsch-(Hh)

Am kürzesten ist die Kennzeichnungsformel für *gerade Kreuzungen*. So bezeichnet der Term

Kr 49-1:9-(St)

eine Kreuzung, deren Fahrbahn aus Schienen der Form S 49 auf Stahlschwellen besteht und deren Gleise sich in einer Neigung von 1:9 (6°20') kreuzen. Bei der Kennzeichnung von *Bogenkreuzungen* spielt schließlich - genau wie bei den Bogenweichen - der Radius des Stammgleishalbmessers und die Kreuzungsgrundform eine Rolle. So handelt es sich bei einer

Bkr 900-Gdf-49-1:9-(Hh)

um eine Bogenkreuzung, deren Gleise in einem Bogen mit 900 m Halbmesser gekrümmt sind und die aus der Grundform Kr 49-1:9-(Hh) hervorgegangen ist.

Bei der Übertragung dieser Erkenntnisse auf die Modelleisenbahn erstaunt die Tatsache, daß die Modellbahnindustrie (und auch die Modelleisenbahn-Verbände) diese Bezeichnungsformen für Weichen noch nicht übernommen haben. Eine solche Praxis entspräche nicht nur dem Trend nach Vorbildtreue auch im verbalen Bereich, sondern würde außerdem zu einer einheitlichen Kennzeichnung aller Weichenarten führen. Dabei könnte auf viel Redundanz bei der Artikelbeschreibung verzichtet werden. Die heute üblichen Schienenformen werden hinreichend mit der international eingeführten Codebezeichnung charakterisiert, so daß diese Bezeichnung an die Stelle der Schienenform des Vorbilds treten könnte. Nach diesem Vorschlag könnte z.B. die Kurzformel

EW 83-873,5-1:3,73-r-Gz-H (Ro)

eine einfache Weiche mit Code-83-Schienenprofil (2,1 mm Schienenhöhe) kennzeichnen, deren Abzweigradius 873,5 mm beträgt, der mit einer Neigung von 1:3,73 (15°) nach rechts vom Stammgleis abzweigt. Daß die Weiche Gelenkzungen hat, ist ebenfalls wichtig, und die Schwellenart (H wie Holz) dient der Vollständigkeit der Angaben, obwohl z. Z. weder Weichen mit Stahlschwellenimitation noch mit Betonschwellennachbildungen auf dem Markt sind. Das Kürzel Ro in der Klammer weist schließlich auf den Hersteller Roco hin.

Noch wichtiger erscheint eine Übernahme der Weichenneigungs-Angabe des Vorbilds in den Modellbahnbereich. So ist es völlig unverständlich, warum Weichenneigungen von den meisten Herstellern noch in Altgrad (°) – ja, sogar in Minuten (') – angegeben werden. Mit normalen Winkelmessern ist es unmöglich, auf einem Trassenbrett einen Winkel von z. B. 11°18' mit hinreichender Genauigkeit abzutragen. Um wieviel leichter – und genauer – ist da das Abtragen der dazugehörenden Nei-

Weichenbezeichnungen in der Praxis. Damit alle Teile ordnungsgemäß der jeweiligen Konstruktion zugeordnet werden können, werden sie im Weichenwerk handschriftlich gekennzeichnet. So gehört diese Zungenvorrichtung zu einer einfachen Rechtsweiche mit 500 m großem Zweiggleishalbmesser und einer Herzstückneigung 1:12. Die gesamte Weiche wurde aus Schienen der Form S 60 (60 kg Masse pro lfd. Meter) aufgebaut.

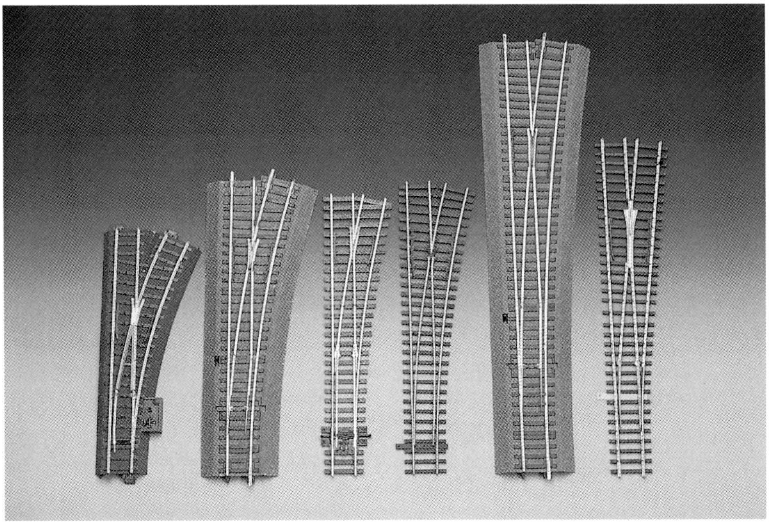

Industriemodellweichen und ihre Herzstückneigungen (von l. nach r.). Die steilste Neigung hat mit 24,3° (1 : 2,21) die Weiche des Märklin-C-Gleises (links). Die Roco-line-Weiche mit Bettung hat eine Neigung von 15° (1 : 3,73). Die Peco-Weiche des fine-scale-Systems hat 12° (1:4,70) Weichenneigung, die Pilz-Weiche aus dem Elite-System 9° (1:6,31). Die Herzstückneigung einer weiteren Weiche im Roco-line-System beträgt 8,1° (1 : 7,03) und die der schlanken Pilz-Weiche aus dem Standardsystem 7,5° (1 : 7,60).

gung von 1:5! Wer es besonders genau machen möchte kann das Mehrfache dieses Bruches abtragen; also 2:10 oder 3:15. In der Tabelle 3 findet der Leser eine Übersicht aller handelsüblichen Weichenneigungen in Altgrad (°), deren Tangensfunktionen (tan) und die dazugehörigen Brüche (1:n).

Tabelle 3

Beispiele für Weichenbezeichnungen gerader Weichen

(* = Weiche mit Parabelzungen)

Weichenart	Schienenform	Zweiggleishalbmesser	Neigung	Zungenart	Schwellenart
EW	49 -	500 -	1 : 12 -	Fsch	(Hh)
DKW	49 -	190 -	1 : 9 -	Fsch	(St)
EW	49 - Pa* -	190 -	1 : 9 -	Fsch	(Hh)

Tabelle 4

Beispiele für Weichenbezeichnungen gebogener Weichen

Weichenart	Halbmesser der Bogenweiche	Weichengrundform (Gdf)	Schienenform	Zweiggleishalbmesser der Gdf	Neigung
IBW	1000/333	Gdf	49 -	500 -	1 : 12
DBKW	2000	Gdf	49 -	500 -	1 : 9

Tabelle 5

Beispiel für eine Kreuzungsbezeichnung gerader Kreuzungen

Kreuzung	Kr
Schienenform	49 -
Neigung	1 : 9 -
Schwellenart	(St)

Tabelle 6

Beispiel für eine Kreuzungsbezeichnung gebogener Kreuzungen

Bogenkreuzung	BKr
Stammgleishalbmesser	900
Weichengrundform (Gdf)	Gdf
Schienenform	49 -
Neigung	1 : 9 -
Schwellenart	(Hh)

Tabelle 7

Größen und Nennmaße der Spurführung von Weichen

Größe	Nennmaß in mm
Spurweite s	1435
Durchlaufweite z_d	52
Rillenweite w am Herzstück w_H	44
Radlenker w_R	41
Führungsschienenabstand A_F	1350
Leitweite L	1394

Tabelle 8

Winkel α °	Tangens (tanα)	Neigung 1:
6	0,1051	9,52
7	0,1228	8,14
7,5	0,1317	7,59
8,1	0,1423	7,03
9,5	0,1673	5,98
10	0,1763	5,67
10,8	0,1908	5,24
12	0,2126	4,70
14	0,2493	4,01
14,43	0,2575	3,88
15	0,2679	3,73
18	0,3249	3,08
22,5	0,4142	2,41
24	0,4452	2,25
30	0,5774	1,73
36	0,7265	1,38
45	1,0000	1,00

2
Weichengeometrie

Weichen weisen gegenüber dem durchgehenden Gleis eine Unterbrechung des *Fahrkantenverlaufs* und somit der Spurführung der Radsätze auf, die eine genaue Abstimmung der Spurführungsmaße in Hinblick auf die Gewährleistung der Laufsicherheit und der Laufruhe erfordert.

Die Fahrbahn der Weiche soll geometrisch so gestaltet werden, daß sie sich mit möglichst wenigen Einschränkungen in die geometrische Gestaltung der Gleise einfügt. Dabei ist dem Fahrkantenverlauf besondere Bedeutung beizumessen, da er die Fahrdynamik und den Erhaltungsaufwand wesentlich beeinflußt.

Günstige Fahrbedingungen werden durch stetigen Verlauf der Krümmungslinie und wenige Fahrkantenunterbrechungen erreicht.

Die Forderungen nach einem günstigen Fahrkantenverlauf im Stamm- und Zweiggleis sind verschieden. Während das Stammgleis in der Regel ohne Geschwindigkeitsbeschränkung mit Streckengeschwindigkeit befahren werden kann, ergibt sich für das ohne Überhöhung und ohne Übergangsbogen angeordnete Zweiggleis eine Geschwindigkeitsbeschränkung, die um so größer ist, je kleiner der Zweiggleishalbmesser ist.

In der Praxis bedeutet das, daß eine mit dem Signalsystem abgestimmte Stufenreihe von Zweiggleisradien eingeführt werden muß, die einerseits allen betrieblichen Erfordernissen genügen und andererseits wirtschaftlich sein müssen, da die Bevorratung standardisierter Weichenteile nicht unendlich sein kann. Die hier genannten Charakteristika aller Anforderungen, die auf eine Weiche einwirken, lassen erkennen, um wieviel größer die Belastung der Bauteile ist, als beim Durchfahren eines einfachen Kreisbogens. Das äußert sich besonders in der plötzlich auftretenden Seitenbeschleunigung (Fliehkraft) bei der Einfahrt in das Zweiggleis. Ganz extrem werden die auf das Gleis wirkenden Kräfte, wenn Gleisverbindungen oder Weichenstraßen befahren werden, da hier die Sei-

tenbeschleunigungen rasch wechseln und die Fahrzeuge ruckartig bewegt werden.
Somit muß bei der geometrischen Gestaltung von Weichen den folgenden Parametern besonderes Augenmerk gewidmet werden:
- dem Fahrkantenverlauf,
- dem exakten Anschluß der Weichenzunge an die Backenschiene,
- der Größe des Spur- und Rillenspiels sowie der Einlaufneigungen,
- den Voraussetzungen zur Herstellung von Bogenweichen und
- den Standardisierungsgrundlagen.

Zu vermeiden sind geometrische Zwangslagen sowie Überhöhungsrampen und Neigungswechsel in Weichen.
Grundsätzlich gelten für Weichen auf Modellbahnanlagen die gleichen geometrischen Grundsätze wie beim Vorbild. Die hier genannten Parameter haben sogar im Modell noch größere Bedeutung, da durch wesentlich höhere Geschwindigkeiten, sehr kleinere Abzweigradien und steilere Neigungen, als sie beim Vorbild üblich sind, die Situation noch verschärft wird. Hinzu kommen extrem große Rillenweiten, die den Fahrkantenverlauf unterbrechen und so für weitere Unsicherheiten im Gleis sorgen.
Um die Fahrsicherheit zu erhöhen, entstanden z.T. recht abenteuerliche Weichenkonstruktionen auf den Reißbrettern der Modellbahnindustrie. Erst mit der Einführung von Normen (NEM in Europa, NMRA in Amerika) und deren weitgehender Übernahme durch die Industrie entstanden die heute üblichen Weichenkonstruktionen. Dennoch bleibt die Weiche auch auf der Modellbahnanlage ein Bauelement, dem besondere geometrische Beachtung geschenkt werden muß. Dazu gehören die nachfolgenden Prämissen:
1. An den Weichenenden des Stammgleises sollten grundsätzlich Zwischengeraden (in Nenngröße H0 min. 180 mm) angeschlossen werden, bevor die Linienführung mit Bögen fortgesetzt wird. Der unmittelbare Anschluß von Bogengleisen und besonders von solchen, die zum Zweiggleis einen Gegenbogen bilden, ist unbedingt zu vermeiden.
2. Am Zweiggleis sollten nur gerade Gleise oder gleichgerichtete Bogengleise angeschlossen werden. Der gleichgerichtete Bogen sollte den gleichen Radius haben wie das Zweiggleis oder größer sein. Noch besser ist der Anschluß eines Übergangsbogens (siehe »Modellbahn-Werkstatt« Band 1). Gegenbögen sind in jedem Fall zu vermeiden und durch eine Zwischengerade zu »entschärfen«.
3. Die Weichenzunge des abzweigenden Strangs soll tangential an der geraden Backenschiene anliegen. Das überprüft man am besten mit einer Pappschablone, die sehr genau gearbeitet sein muß. Eventuelle Ungenauigkeiten müssen mit einer kleinen Flachzange korrigiert werden.
4. Die Herzstückspitze muß sich genau am Schnittpunkt von geradem (Stamm-)Gleis und Abzweiggleis befinden. Das ist leicht mit Hilfe eines Lineals und einer Bogenschablone zu überprüfen. Korrekturen lassen sich durch Materialauftrag (löten) oder -abtrag (feilen) ausführen.

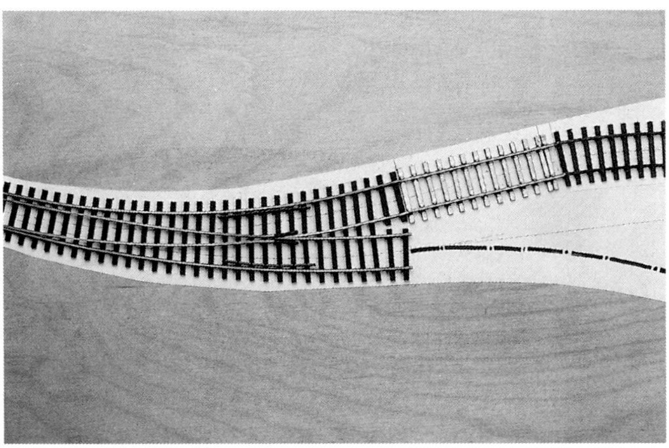

Vermeidbare Gegenbögen. Unmittelbar an Bögen (hier die einer Bogenweiche) sollten niemals solche mit entgegengesetztem Krümmungssinn angeschlossen werden (gestrichelte Linie). Kurze Zwischengeraden (hier weiß gekennzeichnet) stabilisieren fahrdynamische Unsicherheiten und verbessern die optische Wirkung.

Zunge und Backenschiene im Detail. Eine doppelte Kreuzungsweiche (DKW) hat acht Zungen, die jeweils paarweise umgestellt werden müssen. Das bedarf im Modell an den Anschlußpunkten der Zungenspitzen einer guten Passung. Dabei dürfen die Backenschienen nur ganz wenig ausgeklinkt werden, um ein Auflaufen der Spurkränze beim Befahren mit abliegender Zunge zu vermeiden. Diesen Anforderungen wird das dargestellte Zungendetail an einer DKW von Peco in jeder Hinsicht gerecht.

5. Werden in Weichenstraßen Weichen mit unterschiedlicher Neigung eingesetzt, müssen die dazwischen liegenden Gleise verschwenkt werden, was zwangsweise zu Gegenbögen führt. Dabei sollte man den unmittelbaren Anschluß eines entgegengesetzt gerichteten Bogens an einen anderen unbedingt vermeiden. Hier sind Zwischengeraden in der Nenngröße H0 von mindestens 180 mm angebracht, um Entgleisungen zu vermeiden. Außerdem verbessert eine solche Zwischengerade den optischen Eindruck der Gleisführung.

2.1 Allgemeingültige geometrische Parameter

Bei der geometrischen Gestaltung der Weichen sind im Gegensatz zum Gleis zusätzliche Parameter für das Zusammenwirken von Weiche und Fahrzeug zu berücksichtigen. Diese wichtigen Parameter der Weichengeometrie sind:
- die Spurführungsmaße der Weiche und der Fahrzeuge
- die Zweiggleishalbmesser der Weichengrundform und
- die Weichenneigung.

2.1.1 Spurführungsmaße

Der Name sagt es bereits: Mit dieser Bezeichnung sind Maße gemeint, die eine sichere und fahrdynamisch gute Führung der Radkränze über die zahlreichen Lücken und führungslosen Stellen einer Weiche/Kreuzung gewährleisten. Nirgendwo im Gleis ist das enge Zusammenwirken zwischen Rad und Schiene so entscheidend, wie im Weichenbereich. Es wird in Spurführungsmaße am Gleis und solche am Fahrzeug unterschieden.
Wichtigstes Spurführungsmaß am Gleis ist die *Spurweite* (S). Sie ist das kleinste Maß zwischen den Schienenköpfen eines Gleises und sie beträgt bei Normalspurbahnen 1435 mm. Spurerweiterungen sind bis zu 35 mm unkritisch und teilweise sogar gewollt. Spurverengungen hingegen sind wesentlich einschneidender für die Fahrsicherheit, weshalb hier die Toleranzen nur wenige Millimeter betragen.

Die *Rillenweite* (W) charakterisiert den Abstand zwischen den Fahrkanten der Führungsschiene und der dazugehörigen Fahrschiene quer zur Gleisachse. Die Einhaltung dieses Maßes ist insofern von Wichtigkeit, da zu enge Rillenweiten zum »Aufklettern« und somit zum Entgleisen der Fahrzeugräder führen. Zu große Rillenweiten andererseits bilden große Lücken im Gleis, in die die Räder schlagartig einsinken. Hoher Verschleiß und schlechte Fahrkultur sind die Folge.

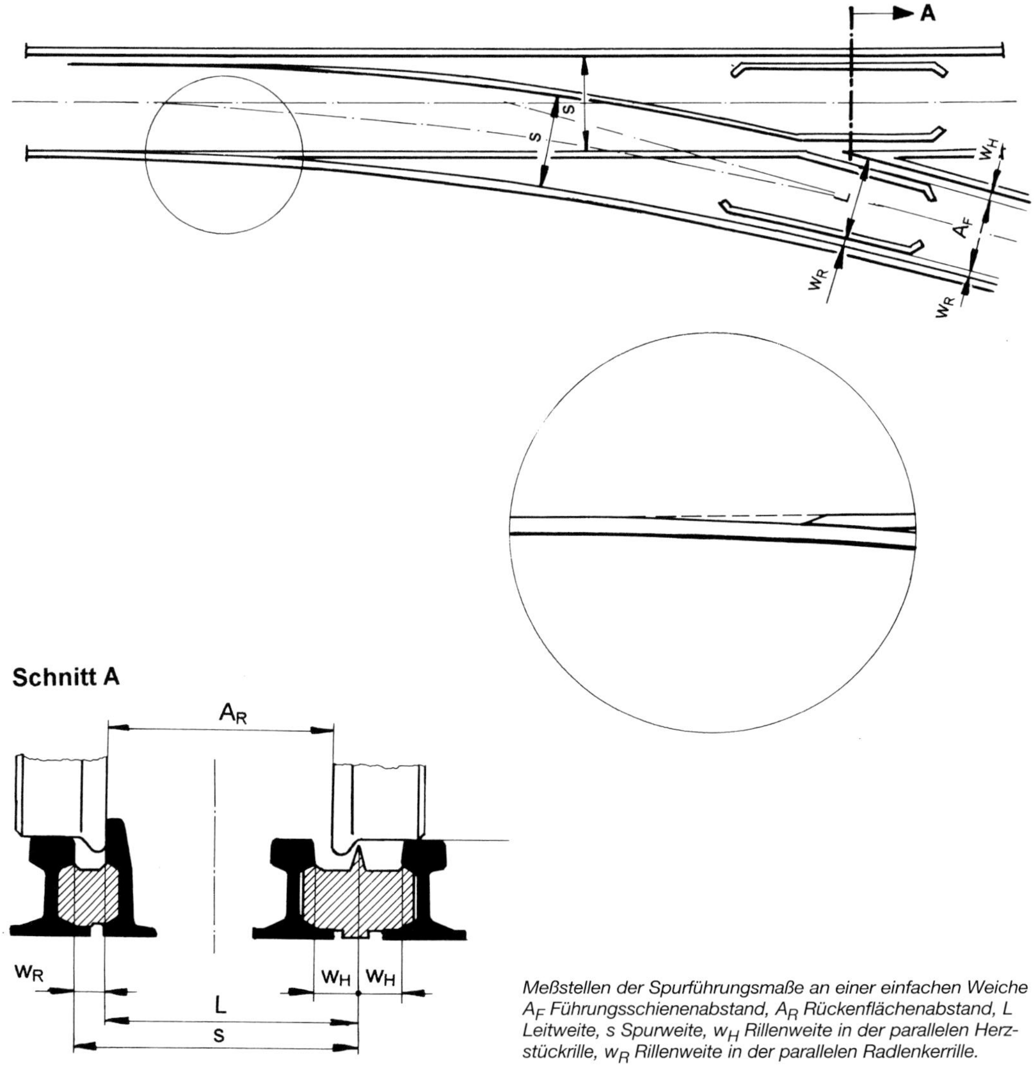

Meßstellen der Spurführungsmaße an einer einfachen Weiche A_F Führungsschienenabstand, A_R Rückenflächenabstand, L Leitweite, s Spurweite, w_H Rillenweite in der parallelen Herzstückrille, w_R Rillenweite in der parallelen Radlenkerrille.

Schließlich gehört noch die *Leitweite* (L) zu den Spurführungsmaßen am Gleis. Sie charakterisiert den Abstand zwischen der Fahrkante des Radlenkers und der Herzstückspitze. Dieses Maß gewährleistet, daß beim Anlaufen der Radrückenfläche an den Radlenker das andere Rad des Radsatzes noch sicher über die Herzstückspitze läuft. Alle Spurführungsmaße am Gleis werden mit einem Spurmeßgerät für Weichen gemessen. Die Spurführungsmaße am Radsatz jedoch werden im Herstellerbetrieb oder im Ausbesserungswerk auf der Radsatzdrehbank überprüft und gelten für gewöhnlich bis zur nächsten planmäßigen Überprüfung. Dazu gehören das Spurmaß, die Spurkranzdicke und der Rückenflächenabstand.

Die *Spurkranzdicke* (D) ist der Abstand zwischen Spurkranzvorder- und -rückseite, der 10 mm außerhalb des Meßkreises (gemeint ist der Durchmesser der Radlauffläche) liegt. Das ist auch der Punkt, an dem der Spurkranz an den Schienenkopf anläuft und wo die horizontal wirkenden Kräfte auf die Fahrbahn übertragen werden.

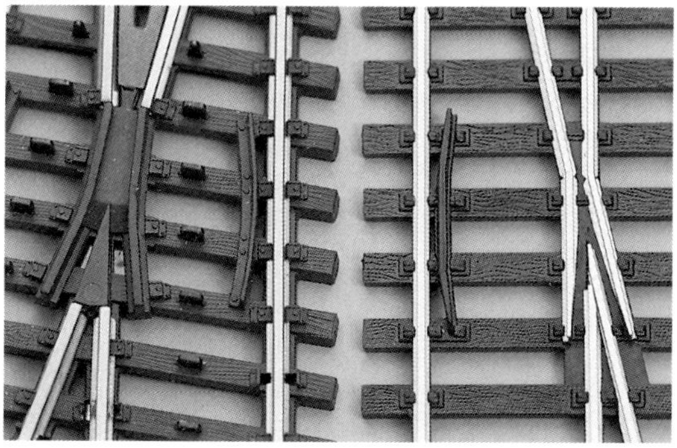

Problemstelle Herzstück. Weichenherzstücke sind nachweislich die Stellen, an denen es bei der Modellbahn die meisten Spannungsunterbrechungen und Entgleisungen gibt. Die geometrischen und elektrischen Anforderungen an diese Bauteile sind also sehr hoch. Vielfach werden die Herzstücke aus Kunststoff herstellt und die Grenzwerte der Spurrillenweite (siehe NEM) voll ausschöpft (links). Herzstücke aus Metall und Flügelschienen mit engen Rillenweiten (rechts) sehen nicht nur vorbildgetreuer aus, sie gewährleisten auch eine sichere Stromversorgung der Fahrzeuge auf der Anlage.

Der *Rückenflächenabstand* (A_R) ist das Maß zwischen den beiden Radrückenflächen eines Radsatzes.
Alle oben genannten Spurführungsmaße sind ebenfalls für die Spurführung in Weichen auf der Modelleisenbahn wichtig. Die Analyse dieser Maße ist deshalb von besonderer Bedeutung, da die Vielzahl von Weichenherstellern auch eine Vielzahl von unterschiedlichen Spurführungsmaßen mit sich bringt. So gibt es z.B. beim Vorbild nur **zwei** Maße für die Rillenweite: 44 mm für die am Herzstück und 41 mm für die am Radlenker. Daß diese Maße nicht maßstäblich auf die jeweilige Nenngröße (z.B. 0,37 mm Herzstückrillenweite in H0) übertragen werden können, leuchtet ein. Die sichere Spurführung der Modellfahrzeuge bedarf höherer und dickerer Spurkränze an den Rädern, als es die maßstäblich umgerechneten (Für H0-Fahrzeuge 0,4 mm Spurkranzhöhe bzw. 0,3 mm Spurkranzdicke) gewährleisten würden. Bei H0-Weichen verschiedener Hersteller wurden fünf unterschiedliche Rillenweiten gemessen: Fleischmann 2,1 mm, Märklin 2,2 mm, Peco 1,4 mm, Pilz/Tillig 1,9 mm und Roco 1,9 mm. Die NEM-Norm 310 sieht 1,3 mm vor, wobei eingeschränkt wird, daß dieses Maß überschritten werden kann, wenn im Herzstückbereich das Rad nicht auf seiner Lauffläche sondern auf dem Spurkranz läuft. Das trifft – außer für das Peco-Streamline- und das Pilz-Elite-Gleis – auf alle anderen genannten Fabrikate zu. Doch die Rillenweite am Herzstück und an den Radlenkern ist nicht nur ein technisch-fahrdynamisches sondern auch ein ästhetisches Problem, wie im weiteren Verlauf der Erläuterungen noch bewiesen wird. Ähnliches gilt auch für die Spurführungsmaße an den Rädern. Hier kommen zu den internen Normen eines jeden Herstellers allgemeingültige Radsatznormen, die besonders für die Eigenbauer von Modellfahrzeugen von Bedeutung sind, und den Rad-Schiene-Beziehungen des Vorbildes sehr nahe kommen. Das sind erstens die NEM 311 bis 314, zweitens die NMRA (Normen amerikanischer Modelleisenbahner) mit dem berühmten RP-25-Radprofil und drittens das H0*pur*-System (Marke der Willy-Kosak-Verlagsgesellschaft). Im wesentlichen unterscheiden sich diese Normen in den Festlegungen zum Rückenflächenabstand der Radsätze. NMRA und NEM 313 und 314 legen diese mit 14,3 mm für die Nenngröße H0 fest. Dieses Maß wird von den meisten Herstellern eingehalten, so daß über eine Weiche nach NEM-Norm Fahrzeuge verschiedener Hersteller problemlos fahren können. Das H0*pur*-System fordert dagegen einen Rückenflächenabstand von 15,63 mm, was dazu führt, daß eine Kombination mit NEM-Fahrzeugen bzw. -Weichen nicht zu realisieren ist.

Quintessenz: Es lohnt sich, die Weichenbereiche der geplanten Modellbahnanlage genauer zu untersuchen. Die Zusammenhänge zwischen Rad und Schiene, das Zusammenpassen aller Parameter ohne Klemmen und zu großem Spielraum haben große Bedeutung für den einwandfreien Lauf der Fahrzeuge. Zu Prüfzwecken ist keine aufwendige Meßtechnik nötig. Ein Meßschieber und ggf. einige selbstgebauten Kartonlehren genügen, um die wichtigsten Spurführungsmaße zu kontrollieren. Das ist vor allem bei Eigen- oder Umbau von Weichen und Kreuzungen unerläßlich.

2.1.2 Zweiggleishalbmesser

Weichen müssen in Hinblick auf die Verzweigung von Fahrwegen bestimmten betrieblichen Forderungen gerecht werden. Im Laufe der Entwicklung

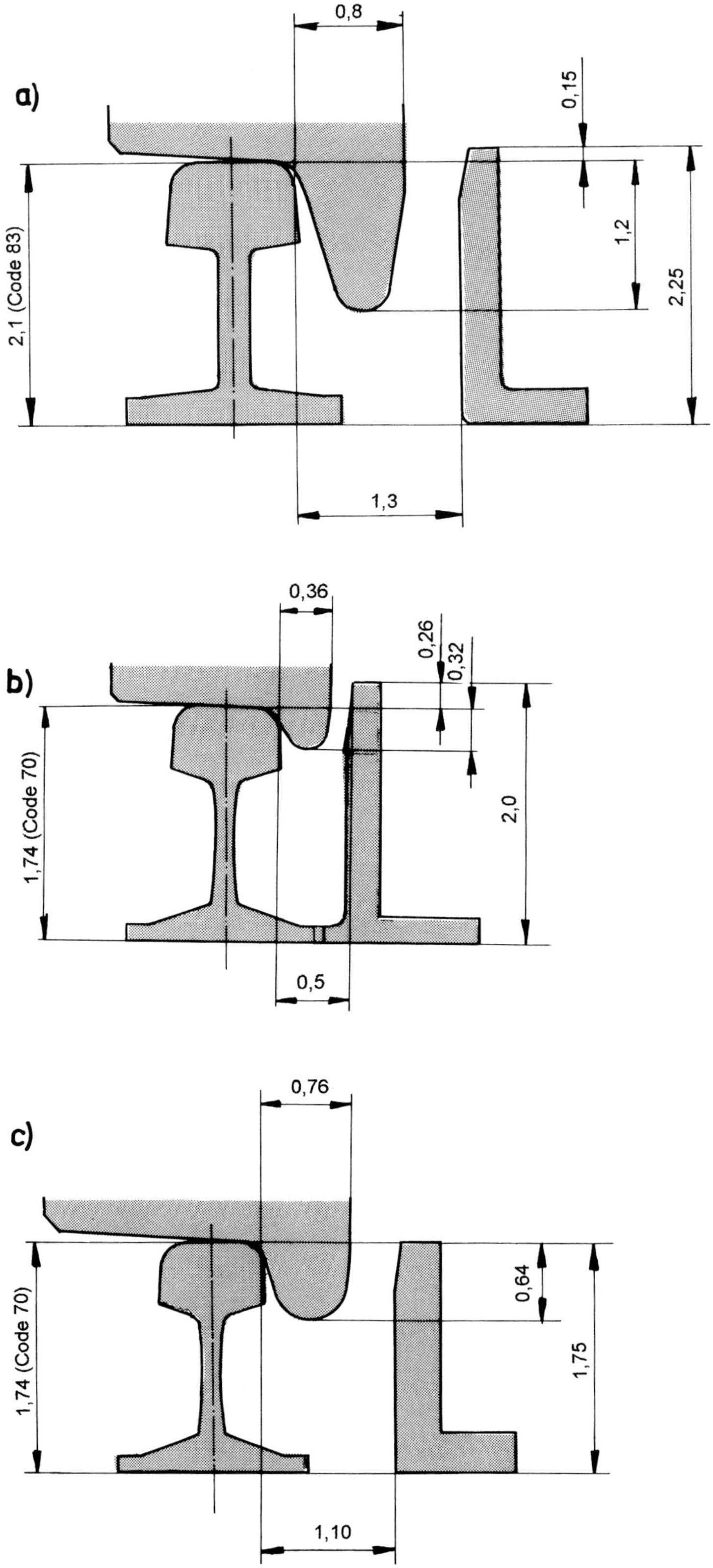

Übliche Radprofile in der Nenngröße H0 und ihre Rillenweiten (maßstäblich).

a) Radprofil nach NEM 311 und Rillenweiten nach NEM 310 mit Schiene Code 83

b) Radprofil H0pur und Rillenweite nach H0pur mit Schiene Code 70

c) Radprofil RP-25 nach NMRA mit Schiene Code 70.

haben sich im wesentlichen zwei Gruppen herausgebildet, die diesen Forderungen weitgehend genügen.
Während die eine Gruppe – Weichen mit großem Zweiggleishalbmesser und flacher Neigung – eine Verzweigung der Fahrwege für mittlere und hohe Geschwindigkeiten im *Zugfahrbereich* ermöglichen, kann mit Hilfe der zweiten Gruppe – kleiner Zweiggleishalbmesser und steile Neigung – eine günstige Gleisplangestaltung der Bahnhöfe im *Rangierbereich* erreicht werden.

Die Parameter
- Zweiggleishalbmesser R_0 und
- Weichenneigung 1:n

bestimmen geometrisch die Weichenform. Die Halbmesser beziehen sich bei Reichsbahn- und Bundesbahnweichen auf die Gleisachse, bei Länderweichen – die nicht mehr gebaut werden, aber noch im Gleisnetz der DB AG vorhanden sind – auf den äußeren Schienenstrang des Zweiggleises.
Bei der Wahl des Zweiggleishalbmessers für eine einfache Weiche ist außer der Bogenläufigkeit (fester Achsstand bzw. Drehzapfenabstand) der Fahrzeuge die zulässige Geschwindigkeit auf dem Zweiggleis maßgebend. Diese wird im wesentlichen durch Bestimmungsgrößen beeinflußt, die jede Bahnverwaltung nach eigenem Ermessen festlegt. Grundlage dieser Ermessenskriterien ist, daß Weichen in der Regel wie Gleise in gleicher Lage befahren werden können. Gerade Stammgleise sollten danach mit der zulässigen Streckengeschwindigkeit, abzweigende Bogengleise mit der für den jeweiligen Radius (ohne vorhandene Überhöhung) vorgeschriebenen Geschwindigkeit befahren werden. Als Bestimmungsgrößen werden dazu die Seitenbeschleunigung, der Seitenruck und die Beschleunigungsdifferenz genannt. In den Vorschriften der DB AG werden als Grundlage für die Berechnung von Weichen die dafür zulässigen Werte genannt.
Als Zweiggleishalbmesser wurde bei geraden Reichsbahnweichen folgende Staffelung gewählt: R_0 = 190, 300, 500 und 1200 m. Der kleinste Zweiggleishalbmesser von R_{min} = 190 m wurde festgesetzt, da sich mit ihm und der Herzstückneigung 1:9 noch doppelte Kreuzungsweichen mit ausreichendem Zungenaufschlag herstellen lassen.
Bei der Größenbestimmung der Zweiggleishalbmesser sind außerdem folgende Kriterien zu beachten:
- das Vorhandensein bestimmter bewährter Halbmessergruppen der Länderweichen, die Abstimmung geometrischer und konstruktiver Details zwischen den Weichenarten EW, EKW und DKW,
- die Veränderungen bezüglich der betrieblichen Forderungen sowie
- die Abhängigkeit vom bestehenden Signalsystem.

Zwischen der zulässigen Geschwindigkeit im Zweiggleis nicht überhöhter Weichen und der signalisierbaren Geschwindigkeit nach dem Lichtsignalsystem bestehen folgende Wechselbeziehungen: Die Zweiggleishalbmesser neu zu bauender Weichen sind einerseits auf die betrieblich erforderlichen Geschwindigkeiten abzustimmen, andererseits ist beim Anschluß neuer Signale auf die nachfolgenden Weichenkonstruktionen Rücksicht zu nehmen. Ideal ist demnach, wenn ein Signal exakt die in den abzweigenden Gleisen nachfolgender Weichen zulässigen Geschwindigkeiten anzeigt. Wie aus Tabelle 9 hervorgeht, stimmen bei

Maßstäbliche Darstellung der üblichen Zweiggleisradien von Länder- und Reichsbahnweichen

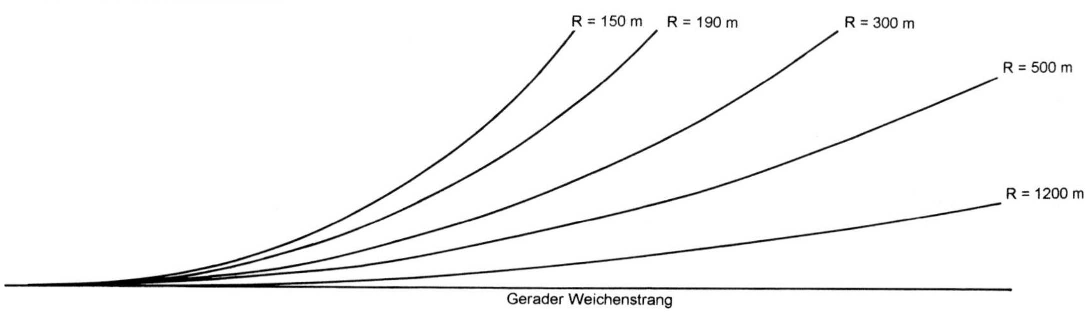

Tabelle 9

Beziehung zwischen Zweiggleishalbmesser und zulässiger, sowie signalisierbarer Geschwindigkeit

Zweiggleis-halbmesser R_0	Zulässige Geschwindigkeit nach Obv in km/h	Signalisierbare Geschwindigkeit in km/h
190	40	40
300	50	40
500	65	60
1200	100	100

zwei Zweiggleishalbmessern die zulässigen Geschwindigkeiten nicht mit den signalisierbaren überein:

R_0 = 300 m: Die maximale Geschwindigkeit kann nicht signalisiert werden; die Betriebsführung zieht keinen Nutzen aus Weichen mit solchen Halbmessern.

R_0 = 500 m: Die signalisierbare Geschwindigkeit liegt um 5 km/h unter der zulässigen Geschwindigkeit. Der Nutzen liegt auf erhaltungswirtschaftlichem Gebiet.

Normradien wie beim Vorbild gibt es bei der Modelleisenbahn nicht. Zumeist folgen die Weichenradien handelsüblicher Weichen der Gleisgeometrie der einzelnen Hersteller. (siehe Anhang zu »Die Modellbahn-Werkstatt«, Band 2). Nach NEM 111 wird der kleinste zulässige Bogenradius mit

$$R_{min} = 22 \text{ G}$$

(G = Spurweite nach NEM 310) definiert, in der Praxis ist die Weichengeometrie jedoch eher anwendungs- und fertigungstechnisch orientiert. So reichen die industriellen Weichenradien z.B. in der Nenngröße H0 von 360 mm bis 1946 mm, wobei letzterer mit umgerechneten 169 m dem Vorbild schon sehr nahe kommt. Generell gilt: Je größer der Radius und je kleiner die Weichenneigung, um so vorbildgetreuer die Optik einer solchen Weichenverbindung. Nach der Einteilung in Bogenklassen in Band 2 »Gleisbau auf Modellbahnanlagen« dieser Buchreihe liegen die kleinsten Bogenhalbmesser für die Bogenklasse IV (Industriell gefertigte Modelle mit großen, festen Achsständen) bei 435 mm für die Nenngröße H0, 330 mm für Nenngröße TT und 195 mm für die Nenngröße N. Diese Größen sind für Weichenradien sinnvoll, die im Rangierbereich von Bahnhöfen liegen. Als Normgleisbögen werden in dieser Klasse 565 mm für H0, 438 mm für TT und 253 mm für N angegeben, was erfahrungsgemäß auch der Maßstab für die Mindestzweiggleisradien von Weichen sein dürfte, die im Einfahrbereich von Bahnhöfen oder in deren durchgehenden Hauptgleisen liegen.

Die Abhängigkeiten der Weichenstellungen von einem Signalsystem sind für die Modelleisenbahn kaum relevant, weil die Geschwindigkeiten der Fahrzeuge ohnehin von externen Einflüssen (Mensch mit Fahrtregler) bestimmt werden, die die Signalstellung ignorieren können, ohne auf evtl. Folgen achten zu müssen. Für den vorbildgetreuen Fahrbetrieb allerdings ist es schon reizvoll, wenn bei Abzweigstellung der Weiche ein entsprechend verändertes Signalbild gezeigt und die Fahrt (digital oder elektronisch gesteuert) merklich verlangsamt wird. Die schaltungstechnischen Lösungen einer solchen Situation werden in einem der folgenden Bände beschrieben.

2.1.3 Weichenneigung

Definition: Die Neigung einer Weiche ist der Tangens des Weichenwinkels, ausgedrückt im Verhältnis 1:n.

Gewöhnlich werden Winkel in Grad (genauer: in Altgrad °) gemessen. Verwirrend ist zunächst die Bezeichnung einer solchen geometrischen Situation als »Neigung«, weil es ja bei einer Weiche nicht nach unten geht, sondern sich dieser Winkel in der Horizontalen darstellt. Noch verwirrender ist außerdem für viele die Größenangabe dieser Neigung als Bruch. Klarheit in diese Verwirrung bringt der trigonometrische Grundsatz:

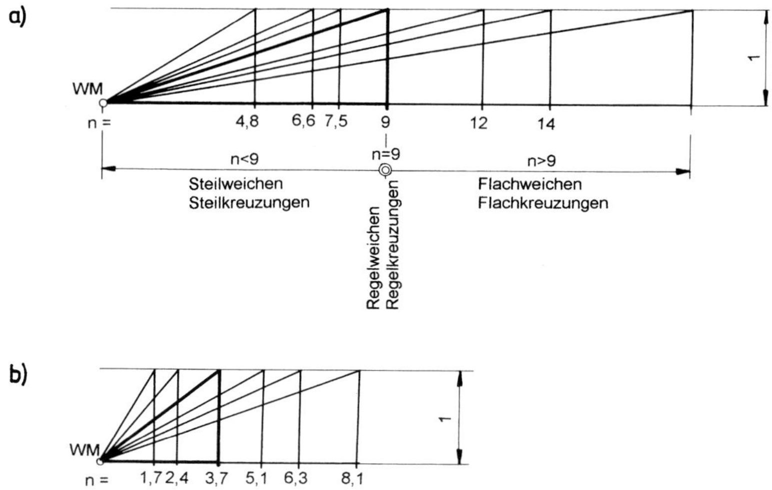

Weichenneigungen und ihre Einteilung

a) Weichenneigungen beim Vorbild. (Extrem flache Weichenneigungen, wie sie bei Schnellfahrweichen in ICE-Strecken vorkommen, wurden nicht dargestellt). WM Weichenmitte, n Neigungszahl

b) Weichenneigungen beim Modell. Die Standardneigung 1:3,73 (entspricht 15°) wurde fett dargestellt.

Im rechtwinkligen Dreieck ist der Quotient aus Gegenkathete und Ankathete gleich dem Tangens des eingeschlossenen Winkels.

Der praktische Nutzen dieser Erkenntnis liegt auf der Hand: Winkel können ohne die Verwendung von Winkelmessern, Teilkreisen oder anderer geometrischer Meßeinrichtungen, deren Handhabung im rauhen Baubetrieb mit großen Ableseungenauigkeiten verbunden ist, mit einfachen Werkzeugen wie Bandmaß, Gliedermaßstab und Holzwinkel abgesteckt werden. Besonders im Bauwesen und in der Landschaftsgestaltung findet man diese Winkelangaben häufiger als solche in Alt- oder Neugrad.
Die Weichenneigung wird beeinflußt durch

- die Größe des Zweiggleishalbmessers und
- die konstruktiven Bedingungen am Weichenende.

Die erste Bedingung, die sehr pragmatisch zu einer Weichenneigung führt, ist die, daß die beiden Schienen des Herzstücks am Weichenende mindestens einen solchen Abstand voneinander haben müssen, daß sie getrennt auf der Stoßschwelle befestigt werden können (s_{We} = 1,75 m). Mit diesem »Spreizmaß« und dem nach der zulässigen Geschwindigkeit ausgewählten Zweiggleishalbmesser erhält man rechnerisch eine Zahl, die ganzzahlig auf die festgelegten Neigungen gerundet wird.

Als *Regelneigung* wurde so das Verhältnis 1:9 festgelegt. Damit können die doppelten Herzstücke der Kreuzungen und Kreuzungsweichen betriebssicher befahren werden, was bei Neigungen n > 9 nicht mehr der Fall ist. Weiterhin war diese Neigung im Gleisnetz von mehreren früheren Ländereisenbahnverwaltungen (z.B. Preußen, Hessen, Bayern, Württemberg, Oldenburg) bereits eingeführt.
Weichen und Kreuzungen mit Regelneigung werden Regelweichen und Regelkreuzungen genannt, solche mit größeren Neigungen als Steilweichen/Steilkreuzungen und solche mit kleineren Neigungen als Flachweichen und Flachkreuzungen.
Da sich Winkel beim Transformieren in andere Maßstäbe nicht verändern, sind unter diesem Aspekt alle im Modellbahnhandel befindlichen Industrieweichen als Steilweichen zu betrachten, denn ihre Neigungen liegen alle unter dem Wert n = 9. Will man also maßstäblich korrekte Regelweichen im Modell haben, muß man zum Selbstbau schreiten. Dennoch gibt es eine ganze Reihe industriell gefertigter Modellweichen, deren Neigungen relativ flach sind und die optisch den Regelweichen des Vorbildes recht nahe kommen. Allgemein gilt dieses für Neigungen von 1:6 und flacher. Nach Altgradteilung entspricht das Winkeln von 9,45° und kleiner.
Deutlich sichtbar werden die unterschiedlichen Weichenneigungen an dem Gleisplan des kleinen Endbahnhofs Rapshausen, der dieser Buchreihe bereits seit Band 1 als Versuchs- und Fotografier-

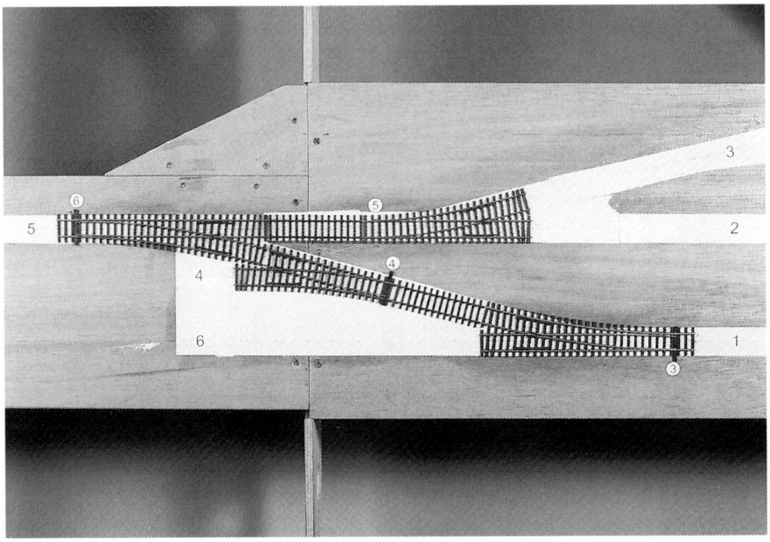

Vorbildgetreue Weichenstraße im 15°-Raster. Im Bahnhof »Rapshausen« sollen im westlichen Bahnhofsteil Pilz-Weichen eingebaut werden. Auf der Grundlage exakt vermessener und markierter Gleisachsen ist das Auslegen der Schwellenroste ein Kinderspiel. So sind die Weichen 3 und 6 EW 83-866-1:3,73 r (H) und die Weichen 4 und 5 EW 83-484-1:3,73 l (H).

objekt zur Verfügung steht: Die Einfahrweiche 1 aus Richtung Mohnstadt und ihr Gegenstück, die Weiche 2, müssen so beschaffen sein, daß die einfahrenden Züge (Streckengeschwindigkeit 100 km/h) noch mit v_{max} = 60 km/h diesen Teil der Gleisanlage befahren können. Hierfür wurde eine Weichenneigung von 1:6 gewählt. Nach dem Halt des Zuges am Bahnsteig fährt das Triebfahrzeug mit geringer Geschwindigkeit über die Weichen 3 und 4 zum Umsetzen. Somit konnten die Neigungen dieser Weichen bereits wesentlich steiler gewählt werden. Da jedoch zu den streckentypischen Lokomotiven 1D1-Tenderloks gehören, wurden wegen der Entgleisungsgefahr Weichenneigungen von 1:4,7 festgelegt. Dabei partizipiert die Weiche 5 zum Rampengleis wegen der Parallellage der Gleise an dieser Entscheidung. Die Weiche 6, die zum Güterschuppen führt, erhielt die Weichenneigung 1:3,73.

So können Weichenneigungen auch im Modell glaubhaft festgelegt werden. Die Neigungsunterschiede sind leicht mit bloßem Auge feststellbar und lockern den Gleisplan geschickt auf. Da alle Weichen industrieller Herkunft sind, hier noch die Quellenangaben:

- Weiche 1: EW 83-900-1:6-l-(Sch) (9,5°-Weichenbausatz Hobby-Ecke Schuhmacher)
- Weiche 2: EW 83-900-1:6-l-(Sch) (9,5°-Weichenbausatz Hobby-Ecke Schuhmacher)
- Weiche 3: EW 83-610-1:4,7-r-(Pe) (12°-Weiche Peco)
- Weiche 4: EW 83-610-1:4,7-r-(Pe) (12°-Weiche Peco)
- Weiche 5: EW 83-610-1:4,7-l-(Pe) (12°-Weiche Peco)
- Weiche 6: EW 83-484-1:3,7-l-(Pi) (15°-Weiche Pilz/Tillig)

2.2

Darstellung und Aufbau von Weichen und Kreuzungen

Weichen werden je nach ihrem Verwendungszweck im Bild unterschiedlich dargestellt. Dabei unterscheidet man:

Zeichnungen, auf denen die Schienenstränge dargestellt werden:

- Fahrkantenbild, unmaßstäblich
- geometrisches Bild, unmaßstäblich
- Lageplan, maßstäblich
- Konstruktionszeichnung, maßstäblich

Zeichnungen, auf denen die Gleisachsen dargestellt werden, sind:

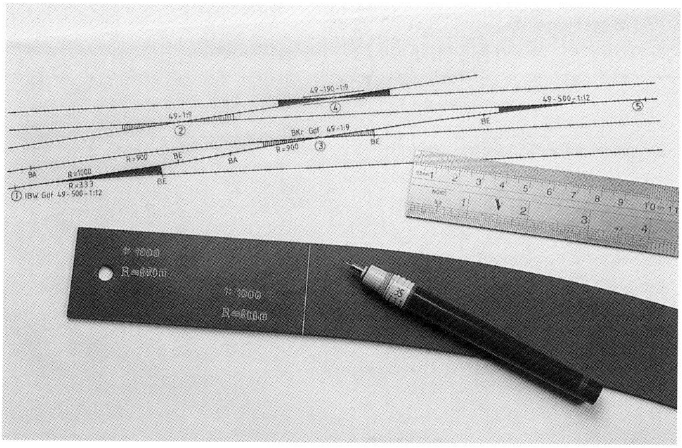

Weichenstraßen im Modell sollen möglichst vorbildgetreu aussehen. Das erreicht man am besten, wenn man Originalzeichnungen der Bahn zu Rate zieht oder selbst zum Rapidograph und zum Lineal greift. Mag der Aufwand auch groß erscheinen, die gelungene Zeichnung und die vollendete Umsetzung ins Modell entschädigen am Ende für alle Mühen.

- Lageskizzen, unmaßstäblich
- Absteckbilder, maßstäblich.

Diese verschiedenen Darstellungsarten sind notwendig, um in der Planungsphase der Weichenverlegung Zusammenhänge sichtbar machen zu können, die Partner der Bahn für die Lösung kommerzieller und baulicher Aufgaben benötigen.

Für den Modelleisenbahner sind sicher die maßstäblichen Absteckbilder von Weichen im Gesamtlageplan die wichtigste Darstellungsform. Wer sich mit Weichenselbst- oder umbau beschäftigt, muß darüber hinaus maßstäbliche Lagepläne und Konstruktionszeichnungen (z.B. von Weichenantrieben) selbst anfertigen.

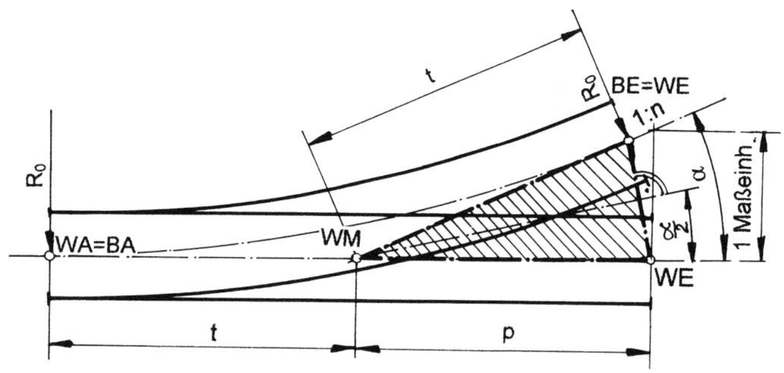

Geometrisches Bild einer Weiche mit Bogenherzstück
WA=BA Weichenanfang = Bogenanfang,
BE=WE Bogenende = Weichenende,
WM Weichenmitte, t Tangentenlänge,
R_0 Zweiggleisbogenhalbmesser,
p Projektion der Tangentenlänge auf die Stammgleisgerade, α Weichenwinkel in °,
1:n Weichenneigung

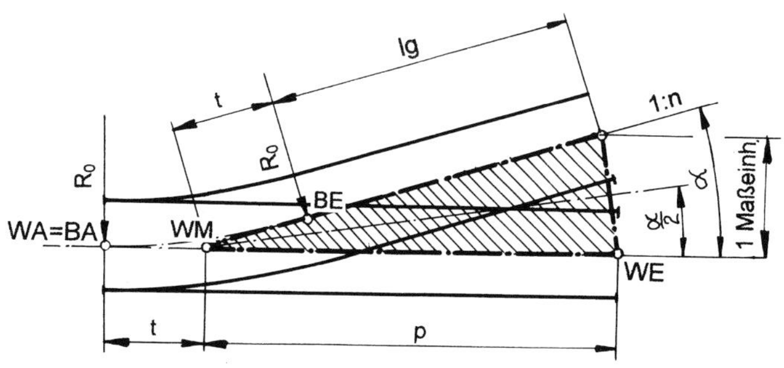

Geometrisches Bild einer Weiche mit geradem Herzstück
WA=BA Weichenanfang = Bogenanfang,
BE Bogenende, WM Weichenmitte,
t Tangentenlänge, l_g Länge des geraden Verlaufs des Zweiggleisbogens,
p Projektion des geraden Verlaufs des Zweiggleisbogens auf die Stammgleisgerade,
R_0 Zweiggleisbogenhalbmesser, α Weichenwinkel in °, 1:n Weichenneigung

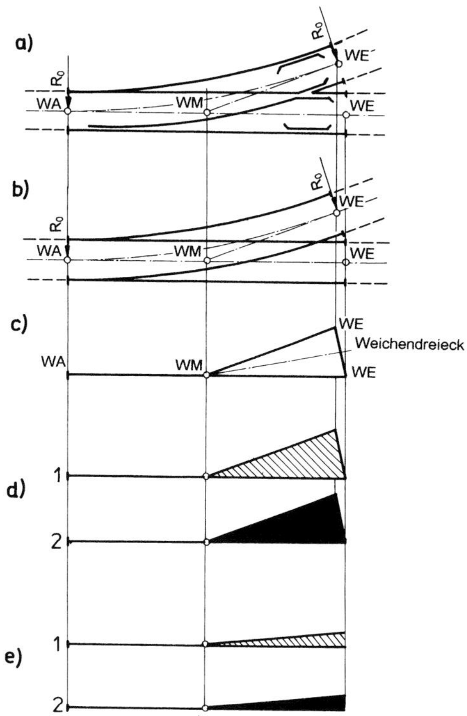

Zeichnerische Darstellungsformen von Weichen (hier einfache Weiche)
a) Fahrkantenbild, b) geometrisches Bild, c) Konstruktion der Begrenzungslinien, d) Lageskizze, e) Absteckbild
R_0 Zweiggleishalbmesser, WA Weichenanfang. WE Weichenende, WM Weichenmitte.
Anmerkung: Schraffierte Weichendreiecke kennzeichnen handbetriebene Weichen, schwarz ausgefüllte Weichendreiecke fernbediente Weichen.

2.2.1 Einfache Weichen

Die Einfache Weiche (EW) ist dadurch charakterisiert, daß von ihrem Stammgleis ein Zweiggleis entweder nach rechts (Rechtsweiche) oder nach links (Linksweiche) abzweigt. Die wichtigsten geometrischen Zusammenhänge bestehen zwischen unterschiedlichen Zweiggleishalbmessern und unterschiedlichen Neigungen. Dabei unterscheidet man in Weichen, bei denen der Zweiggleisradius durch das Herzstück hindurch (bis zum Weichenende) geführt wird und in solche, bei denen der Zweiggleisbogen bereits vor dem Herzstück endet. Im Falle der Durchführung des Zweiggleisbogens durch das Herzstück ist der Weichenanfang (WA) gleich dem Bogenanfang (BA) und genauso das Weichenende (WE) gleich dem Bogenende (BE). Die Zweiggleisseite des Herzstücks ist also in der Krümmung des Radius gebogen. Hier spricht man von einem *Bogenherzstück*.

Um den Zweiggleisbogen bereits vor dem Herzstück enden zu lassen, bedarf es in der Regel eines kleineren Halbmessers. Da die Fahrkanten des Herzstücks gerade ausgebildet sind, spricht man in diesem Fall von einem *geraden Herzstück*. Gerade Herzstücke sind charakteristisch für Länderweichen und frühe Reichsbahnweichen, da man einerseits fahrdynamische Mängel im Bogenherzstück – die sich aber nicht bewahrheiteten – befürchtete und andererseits die technologischen Voraussetzungen zum Schmieden solcher Herzstücke (bis 1925 wurden Weichenherzstücke noch als Blöcke geschmiedet) noch nicht gegeben waren.
Die Hauptmaße einer Weiche sind überschaubar und einfach zu berechnen. So ergeben sich bei Weichen mit Bogenherzstücken aus

$$\tan\alpha = 1:n$$

$$t = R_0 \cdot \tan\frac{\alpha}{2}$$

und mit der Tangentenlänge t die Gesamtlänge der Weiche zu

$$l = 2 \cdot t.$$

Bei Weichen mit geraden Herzstücken erfolgt die Ermittlung der Tangentenlängen t genauso wie bei solchen mit Bogenherzstücken. Die Gesamtlänge der Weiche ergibt sich allerdings – wegen des vorzeitigen Endens des Abzweigbogens vor dem Herzstück – aus der Tangentenlänge t und einem Maß p:

$$l = t + p$$

$$p = \frac{s_{we}}{2 \cdot \sin\frac{\alpha}{2}}$$

Da die Herzstückneigung bei Bogenherzstücken als Tangente an der theoretischen Herzstückspitze gemessen wird, sind die Weichenendneigungen in diesem Fall größer als die theoretische Herzstückneigung. In der Weichenformel wird somit nur die Endneigung genannt.
Die *Zungenvorrichtung (Zvo)* ist das **Hauptteil** einer einfachen Weiche. Sie ermöglicht die eigentliche Ablenkung des Fahrzeugs. Sie sollte so ge-

Zungenende an einer einfachen Weiche auf Stahlschwellen. Deutlich ist die unterschnittene Stellung der Zunge unter der Backenschiene zu erkennen. Von den beiden Stangenanschlüssen ist die rechte die Antriebsstange (vom Weichenantrieb) und die linke die Zungenverbindungsstange. Ungewöhnlich ist auch die Form der Gleitstühle, die aber durch die Montage auf Stahlschwellen begründet ist.

formt sein, daß die Radsätze mit kleinem Anlaufwinkel auf die Zungenfahrkanten treffen. Dem geometrischen Anschluß der Weichenzungen an die Backenschienen ist deshalb besondere Bedeutung beizumessen. Damit die Fahrzeuge möglichst stoßfrei übergehen können, muß die Zungenspitze sehr schlank auslaufen. Theoretisch könnte das so erfolgen, daß sich die Zungenspitze wie ein Kreisbogen an eine Tangente anschmiegt. Praktisch ist das jedoch unmöglich, da sie so dünn ausgearbeitet werden müßte, daß sie keine Standfestigkeit mehr aufweisen würde. Deshalb wird die Spitze in einem Auftreffwinkel γ (0,75°) abgeschrägt. Man bezeichnet diese Konstruktion als »berührende Weichenzunge«. Dabei kann die Weichenzunge kreisbogenförmig oder parabelförmig ausgebildet sein. Letztere schafft – ähnlich wie ein Übergangsbogen – besonders günstige Bedingungen für ein ruckfreies Einfahren, was für schnellfahrende Fahrzeuge von Bedeutung ist.

Die Schienen zwischen den Weichengroßteilen von Weichen, Kreuzungen und Kreuzungsweichen werden Zwischenschienen genannt. Der geometrische Verlauf der Zwischenschienen entspricht dem jeweiligen Verlauf der des Stamm- oder Zweiggleises.

Hauptelement des **Weichenendteils** ist das *einfache Herzstück*. Es entsteht im Bereich der Durchschneidungsstelle des äußeren Schienenstrangs des Zweiggleises mit dem inneren Schienenstrang des Stammgleises. Damit die Spurkränze der Fahrzeugräder diesen Bereich ungehindert durchlaufen können, werden die Fahrkanten entsprechend unterbrochen. Diese Unterbrechungen werden als Herzstücklücken bezeichnet. Die Rillenweiten am Herzstück sind unterschiedlich groß, da sich die Flügelschienen an ihren Enden weiter öffnen als im parallelen Bereich. Hier beträgt die Weite w_H = 44 mm. Da – ähnlich wie bei den Zungenspitzen – die Herzstückspitze in der Praxis nicht bis zum theoretischen Zusammentreffen der beiden Flanken ausgeschmiedet werden kann, wird sie an einer Stelle abgebrochen, wo sie praktisch noch 10 bis 15 mm breit ist. Man spricht von theoretischer und praktischer Herzstückspitze. Außerdem wird die Herzstückspitze um etwa 8 mm unter Schieneoberkante (SO) abgesenkt, um das Auflaufen der Räder zu erleichtern.

Damit die Fahrzeugräder im Bereich der Herzstücklücken nicht führungslos laufen, erhalten die dem Herzstück gegenüberliegenden Fahrschienen Radlenker. Diese führen das dem Herzstück gegenüberliegende Rad eines Radsatzes sicher an

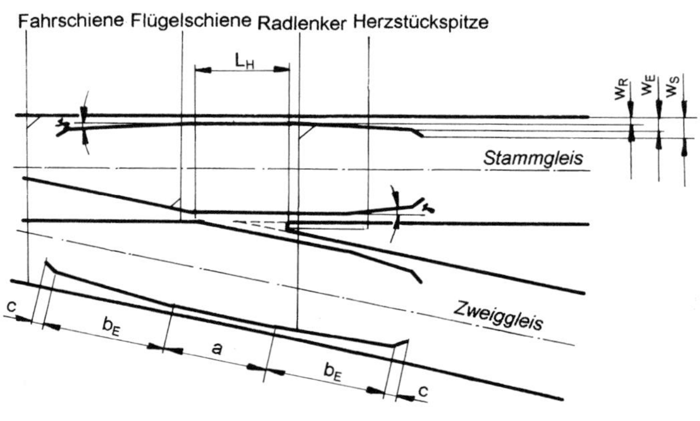

Geometrie des Weichenendteils einer einfachen Weiche (Fahrkantenbild)
a Länge der parallelen Rille, L_H Länge der Herzstücklücke, b_E Einlauflänge, c Länge des Sicherheitslaufs, w_R Rillenweite in der parallelen Radlenkerrille, w_E Einlaufweite, w_S Sicherheitslaufweite, γ Neigungswinkel. Die gestrichelten Linien stellen die verlängerten Fahrkanten zur Ermittlung der theoretischen Herzstückspitze dar.

Schienenherzstück einer modernen Weiche. Die zugeschnittenen (gehobelten) Schienen werden in Vorrichtungen elektrisch zusammengeschweißt und anschließend verschliffen. Die Flügelschienen werden untereinander und mit dem Herzstück durch Futterstücke verbunden (hochfest verschraubt). Bemerkenswert ist die elastische Befestigung der Herzstückregion auf den Stahlbetonschwellen mittels Unterlagsplatten und aufvulkanisierten Gummiformteilen.

Herzstück und Radlenker. Unauffällig und doch außerordentlich wichtig präsentieren sich die Radlenker auf diesem Bild. Dabei liegt der engste Rillen-Bereich der mehrfach abgewinkelten Konstruktion immer gegenüber der Rollflächenlücke zwischen Flügelschiene und Herzstückspitze. Durch die blanke Schienenoberkante der stark befahrenen Weiche ist im Bild deutlich der Zusammenhang zwischen Flügelschienen und Herzstück zu erkennen.

seiner Rückenfläche über den führungslosen Bereich. Dazu sind die Radlenker 20 mm über SO erhöht. Auch diese Bauteile sind – ähnlich der Formgebung der Flügelschienen – in den Einlaufbereichen der Räder abgewinkelt ($\gamma = 1{,}35°$).

Einfache Weichen werden von den Modelleisenbahnern meistens unkritisch angenommen und so akzeptiert, wie sie von der Industrie angeboten werden. Dabei wird der Kompromiß zwischen Funktionssicherheit und vorbildgetreuem Aussehen deutlich. Mit wenigen Veränderungen im Weichenendteil läßt sich dies verbessern.
Aus fertigungstechnischen Gründen und um möglichst auch Fahrzeuge mit nicht normgerecht ausgeführten Radsätzen die Weiche sicher passieren zu lassen, gehen Hersteller im Herzstückbereich die meisten Kompromisse ein. Dabei ist dieser Bereich einer Weiche der optisch augenfälligste, so daß Abweichungen von der Vorbildtreue am meisten auffallen. Die häufigsten Mängel sind dabei:

- Klobig ausgeführte Herzstücke, die mit den Enden der Flügelschienen aus einem Stück gefertigt sind,
- auffällig große Rillenweiten,
- fehlende oder zu kurz ausgeführte Radlenker und
- Kontaktschwierigkeiten für Fahrzeuge mit kurzen Achsständen in den zu großen Lücken.

Einige Basteltips mit denen diese Mängel verringert werden können sind:

- Verbesserung des optischen Eindrucks durch Schwärzen der auffällig blanken Teile und anschließendes Blankschleifen der Fahrflächen.

Bewegliches Herzstück einer sog. »Schnellfahrweiche« von Fleischmann. Mit dem Umlegen der Weichenzungen schaltet sich auch das bewegliche Herzstück zum entsprechenden Anliegen an die Flügelschienen um. Damit werden führungslose Stellen im Gleis vermieden und die Fahrsicherheit erhöht. Logischerweise entfallen damit die Radlenker an den Backenschienen. Diese Konstruktionen sind auch beim Vorbild üblich, z.B. extrem schlanke Weichen auf ICE-Neubaustrecken mit 10.000 m Zweiggleishalbmesser.

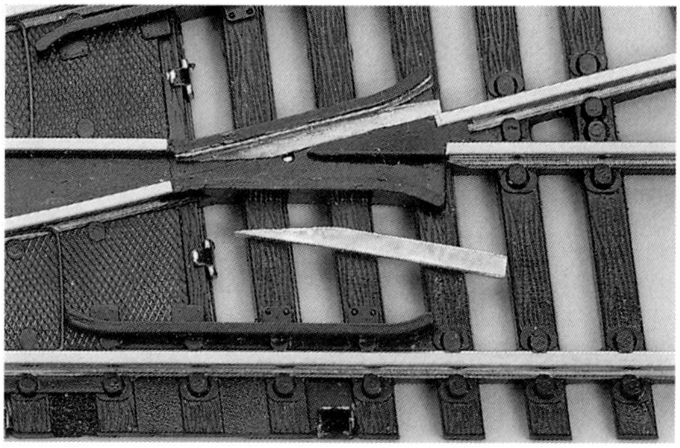

Sichere Spannungsversorgung durch Metalleinlagen. Da Herzstücke aus Kunststoff aufgrund ihrer nützlichen Isolationseigenschaften den Nachteil der schlechten Spannungsversorgung der Triebfahzeuge haben, sollte dort, wo es sinnvoll ist, mit Metallsteifen nachgeholfen werden. So wie hier an einer Fleischmannweiche, wo die Herzstückrillen mit Messingwinkeln ausgelegt wurden.

Neue Radlenker für eine TT-Weiche. Der ursprüngliche Kunststoff-Radlenker wurde durch einen solchen aus Metall ersetzt. Neben der besseren Optik ist es jetzt auch möglich, diese Weiche problemlos mit Fahrzeugen zu befahren, die über filigranere Radprofile verfügen.

Bestens dafür geeignet sind Spezialbeizen für Metalloberflächen. Die Firma *fohrmann-Werkzeuge* hat Brünierbeizen zum Schwarzfärben von Teilen aus Eisen und Stahl, Messingbraun für Teile aus Messing, Kupfer und Bronze sowie Zinn- und Bleischwarz für Teile aus Zinn und Blei in ihrem Angebot. Der Vorteil dieser Beizen gegenüber der Schwarzfärbung mit Farben ist, daß Brünierungen nicht nach einiger Zeit abblättern und daß die behandelten Flächen elektrisch leitend bleiben. Eine interessante Lösung für das Umgehen von Führungsmängeln im Herzstückbereich findet man bei *Fleischmann*: Die sog. »Schnellfahrweiche« ist mit einem beweglichen Herzstück ausgerüstet, das entsprechend der Weichenstellung mit umlegt und somit die Lücke im Gleis schließt. Das ist übrigens durchaus vorbildgetreu, denn auch die DB AG hat im Bereich von Hochgeschwindigkeitstrassen (ICE-Strekken) Weichen mit beweglichen Herzstücken installiert.

- Zur Verringerung der Lückenweite wird im einfachsten Fall das Einkleben von Streifen aus Messing- oder Kupferfolie empfohlen. Zuvor sollte man aber die Radsätze seines gesamten Fahrzeugbestandes durchmessen: Nur wenn alle Räder den Normen der NEM 311 bis 314 entsprechen, ist auch eine Verringerung der Rillenweiten nach NEM 310 sinnvoll.
- Radlenker sollten mindestens vom Beginn der Herzstücklücke (engster Abstand zwischen den Flügelschienen) bis zum Herzstückende gehen. Längere Radlenker sind unkritisch, kürzere nicht zu empfehlen. Radlenker sollten auch möglichst aus Metall bestehen (für H0: d = 0,7 mm) und leitend mit der dazugehörigen Fahrschiene verbunden sein. Nach NEM 310 schließt die Oberkante der Radlenker mit SO ab. Zu empfehlen ist jedoch eine Höhe, die 0,2 - 0,5 mm über SO liegt. Zu beachten ist aber, daß tiefliegende Rahmen- oder Getriebeteile der Fahrzeuge nicht anstoßen dürfen.
- Zur Verbesserung der elektrischen Kontaktsicherheit im Herzstückbereich sollten die Flügel- und Zwischenschienen leitend mit dem Herzstück verbunden sein, damit sie je nach zugeschalteter Herzstückpolarität auch deren Potential besitzen.

Hauptmängel im Zungenbereich von Industrieweichen sind:

- nicht genaues Anliegen der Zungen an die Bakkenschienen und damit Entgleisungsgefahr,
- zu große Lücken und ungenaue Flucht zwischen Zungen und Zwischenschienen bei Gelenkzungen,
- auffällig klobige Stellschwellen.

Dazu folgende Lösungsvorschläge:

- Zum Nachjustieren schlecht anliegender Weichenzungen braucht man eine gute Zange, ein gutes Auge und eine ruhige Hand. Dabei kommt es nicht darauf an, die Federkraft der Weichenstellvorrichtung zu vergrößern. Schließlich soll

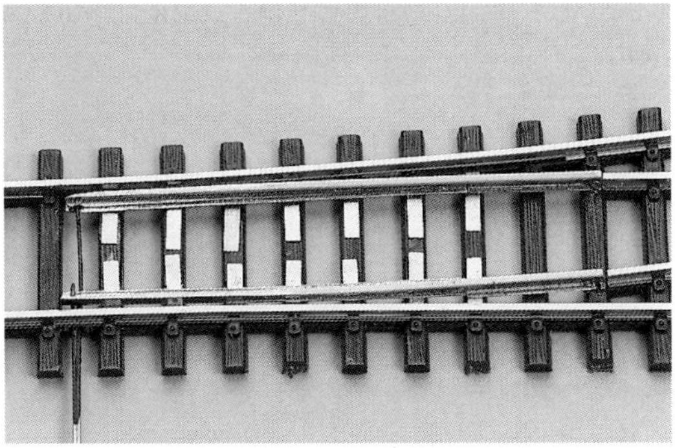

Gleisstuhlverbesserung mit Neusilberplättchen. Diese Pilz-Weiche erhielt neue Weichenzungen. Für optimale Gleitbedingungen auf den Endschwellen sorgen Blechplättchen aus dem Hobby-Ecke-Schuhmacher-Programm. Diese wurden auf die Gleitstühle geklebt, welche bereits an den Kunststoffschwellen nachgeblidet sind. Die Dicke der Weichenzungen muß vorher allerdings um die Materialstärke der Plättchen verringert sein.

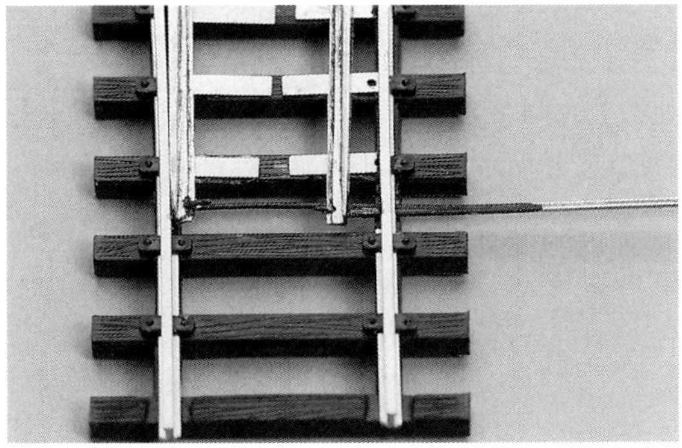

Vorbildgetreuer Stellkanal. Die Stellschwellen an Industrieweichen sind oftmals klobig und nicht vorbildgetreu. Wird die Weichenstellvorrichtung oberflurig angelenkt, kann die unschöne Stellschwelle in H0 durch eine vorbildähnliche Schubstange aus 0,4 mm dickem Stahldraht ersetzt werden. Voraussetzung ist, daß die Weichenzungen neu angefertigt und mit vorbildgetreu verbreiterten Schienenfüßen (1,5 mm) versehen werden. In die am Zungenende gebohrten Löcher (0,4 mm) können nun die beiden Teile der hartverlöteten Schubstange eingehängt werden.

die Weiche aufschneidbar bleiben, d.h. vom Herzstück aus auf dem »falschen Gleis« befahrbar sein, ohne daß die Fahrzeuge entgleisen. Bei vielen Industrieweichen stellt sich der Übergang von Backenschiene zur Zunge in Form eines senkrechten Absatzes in der Backenschiene dar, in den die anliegende Zunge einklinkt. Bei abliegender Zunge jedoch stört dieser Absatz den ungehinderten Radlauf erheblich, weshalb man ihn möglichst gering halten, wenn nicht sogar ganz beseitigen sollte. Günstige Lösungen erhält man durch »unterschnittenes« Anliegen der Zunge. Ähnlich wie beim Vorbild schiebt sich dabei die Zunge in den ausgearbeiteten Schienenfuß und -steg der Backenschiene und teilweise unter den Schienenkopf. Mit schmalen Bronzefedern, die von der Außenseite die anliegende Zunge umfassen, kann ebenfalls die Anliegekraft an der Backenschiene verbessert werden.

- Zungengelenke müssen leichtgängig sein. Das Spiel darf jedoch nicht so groß sein, daß die Zunge im Gelenk kippelt. Unterlegen von dünner Folie (Kupfer oder Bronze) schafft meistens Abhilfe. Besonders günstig kann dieser Stoß ausgebildet werden, wenn es gelingt, die Zwischenschiene so zu gestalten, daß sich der ausgearbeitete Schienenkopf über das tiefer angelegte Gelenk schiebt.
- Zum sicheren Umstellen der Zungenvorrichtungen von Industrieweichen dienen oft breite und auffällige Stellschwellen aus Kunststoff. Diese können den optisch guten Eindruck der Weichen stören. Abhilfe schaffen hier das Einfärben der Stellschwellen in der Farbe des Schotterbettes, der Einbau von durchsichtigen (Plexiglas-) Stellschwellen oder die Anfertigung von Stellstangen aus Stahldraht. Besonders die letzte Form schafft optisch vorbildgetreue Lösungen, wenn dafür gesorgt wird, daß die Stellstange nicht mit dem Spannungspotential der abliegenden Backenschiene in Berührung kommt (Unterkleben von Isolierstreifen unter den Schienenfuß der Backenschiene). Wegen der starken Beanspruchung dieser Konstruktion wird empfohlen, sie hart zu löten. Wem dafür die notwendige Ausrüstung (z.B. Silberlot von *fohrmann* und Flammenlötgerät) fehlt, kann die Lötung bei einem Goldschmied in Auftrag geben.

Eine ganz andere Form des Kaschierens auffälliger Umstellvorrichtungen ist das »Verstecken« der Stellschwelle in einer Hohlschwelle. Dazu wird die (vom Weichenanfang aus gesehen) hinter der Stellschwelle liegende Schwelle gegen eine Konstruktion ausgewechselt, die aus einem nach unten offenen Plastik-U-Profil besteht. Solche Profile (3 x 2 x 0,3 mm) findet man im Sortiment von *evergreen* oder *Plastruct*. In den mit der Laubsäge in die Oberseite der Hohlschwelle eingesägten Langlöchern gleiten die versetzten Mitnehmerstifte der Weichenzungen. Eine Flachschiene aus Plaste, die ohne Spiel in der Öffnung des U-Profils gleitet, sorgt für die Mitnahme der Zungen bis zur festen Endlage. Dafür müssen die Langlöcher genau gesägt und vermessen werden. Nach Braunfärbung der eingesetzten Schwelle ist dieser Stellmechanismus kaum noch als solcher zu erkennen. Außerdem können alle Schwellenfelder der Weiche eingeschottert werden, ohne einen Schwergang befürchten zu müssen.

2.2.2 Kreuzungen

Bei der geometrischen Entwicklung der Reichsbahnweichen wurde darauf geachtet, daß mehrere Konstruktionsteile der einfachen Weichen (z.B. einfache Herzstücke, Radlenker und sogar Weichenendteile) möglichst ohne Änderung auch bei Kreuzungen und Kreuzungsweichen verwendet werden können.
Geometrisches Unterscheidungsmerkmal der Kreuzungen sind ihre Neigungen bzw. ihre Kreuzungswinkel. Bei den Eisenbahnen des öffentlichen Verkehrs werden nur schiefwinklige Kreuzungen verwendet. In Anschlußbahnen und auf Betriebshöfen von Straßenbahnen sind auch rechtwinklige Kreuzungen möglich. Die konstruktive Notwendigkeit des Baus von Kreuzungen entsteht meistens in Verbindung mit der Anlage von Weichen in Weichenstraßen. In der Regel entspricht der Kreuzungswinkel

- dem Weichenwinkel,
- dem doppelten Weichenwinkel oder in seltenen Fällen
- dem dreifachen Weichenwinkel

Bei Kreuzungen treten

- gerade Herzstücke (überwiegend) und
- Bogenherzstücke (selten)

auf. Ein Bogenherzstück mit besonderen Neigungen entsteht z.B., wenn der Zweiggleisbogen einer Weiche bei kleinen Gleisabständen oder größeren Zweiggleishalbmessern in das einfache Herzstück der Kreuzung hineinreicht. Bei besonders ungünstigen Bedingungen kann auch die Regelkreuzung 1:9 unter Einsatz von Bogenherzstücken bis zu den

Geometrische Übereinstimmung und bauliche Austauschbarkeit der Weichenendteile von einfachen und Kreuzungsweichen (hier einfache Kreuzungsweiche)
l_g Länge der Herzstückgeraden, R_0 Zweiggleishalbmesser, t Tangentenlänge, WA Weichenanfang, WM Weichenmitte, WE Weichenende, t Tangentenlänge.
Für die Kreuzung Kr 49-1:9 gilt die Austauschbarkeit sinngemäß.

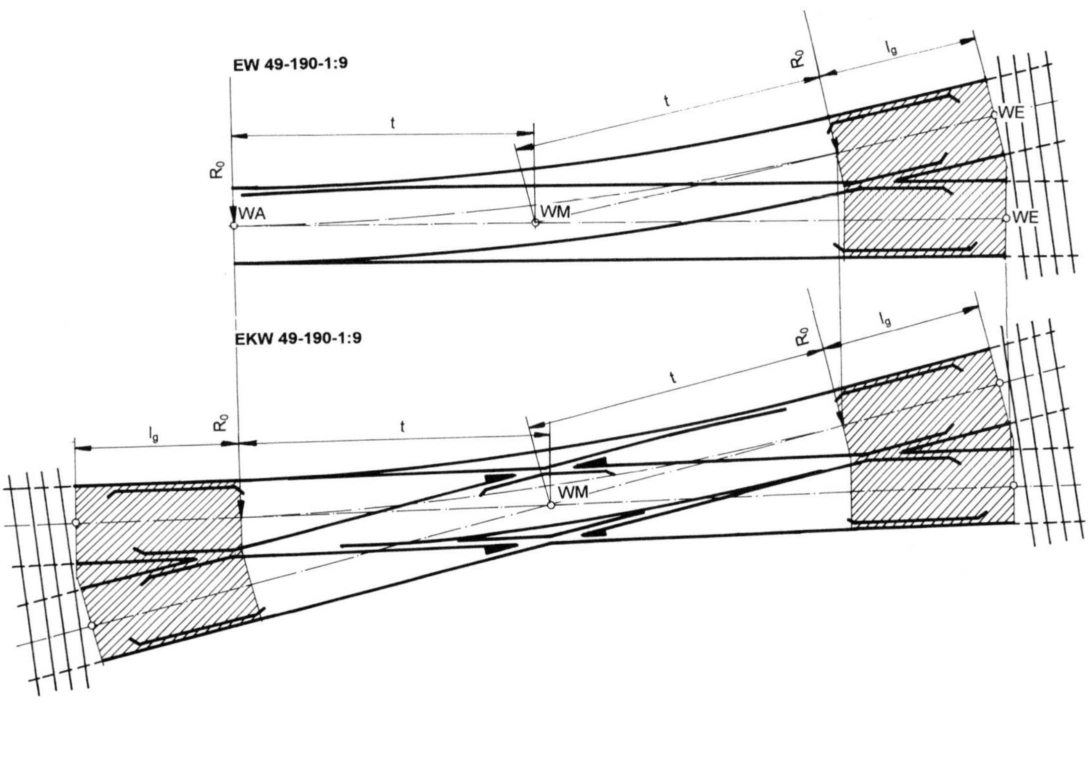

Kreuzungen mit unterschiedlichen Kreuzungswinkeln aus Schienen S 60. Durch die rationelle Vorfertigung von Kreuzungsbauteilen im Weichenwerk ist die Anpassung an jede beliebige Kreuzungssituation möglich. Bemerkenswert ist bei steilen Kreuzungen ($n < 6{,}6$) die Ausfüllung des gesamten Kreuzungsvierecks mit Radlenkern (siehe Bild). Dadurch sind für den Laien die doppelten Herzstücke (vorn rechts und hinten links) nicht so leicht von den einfachen (vorn links und hinten rechts) zu unterscheiden.

Neigungen 1:7,5 oder 1:6,6 aufgesteilt werden. Vorteilhafter ist es in solchen Fällen aber, den Bogen an das Herzstückende der Regelkreuzung anzuschließen.

Neben den beiden einfachen Herzstücken in den Endteilen besitzt jede Kreuzung an den Durchschneidungsstellen der Schienenstränge in ihrer Mitte zwei doppelte Herzstücke (DH) die auch bei Kreuzungsweichen vorhanden sind. Da die doppelten Herzstücke der Kreuzungen nur bis zu einer Neigung von 1:9 betriebssicher befahren werden können, erhalten Flachkreuzungen bewegliche Herzstückspitzen, so daß die Herzstücklücke wegfällt und Radlenker dadurch überflüssig werden.

Besonders in durchgehenden Hauptgleisen wird oft eine kürzere Entwicklungslänge bei der Streckentrennung angestrebt, als dies mit den Kreuzungen

- der Neigung 1:9
  (Anschluß an EW 49-500-1:12/9) oder
- der Neigung 1:18,5
  (Anschluß an EW 49-1200-1:18,5)

erreicht werden kann. Für solche Bedingungen wurden Kreuzungen entwickelt, bei denen der Zweiggleisbogen der Weiche durch die Kreuzung fortgesetzt wird, wobei auch in der Kreuzung einfache Bogenherzstücke entstehen. Die Bezeichnung solcher Kreuzungen wird ergänzt

- durch Einfügen des Halbmessers des fortgesetzten Zweiggleisbogens und
- durch Einsetzen eines l (für links) oder r (für rechts), je nachdem, ob der fortgesetzte Zweiggleisbogen das zu kreuzende Gleis (von der Weiche aus betrachtet) nach links oder rechts durchschneidet.

$$\text{Kr 49 - }\frac{1200}{\infty}\text{ - 1:11,515 - r}$$

bezeichnet z. B. eine Kreuzung, die an eine Weiche EW 49-1200-1:18,5-r anschließt.

Ähnlich wie bei den einfachen Modellweichen verhält es sich auch mit den industriellen Modellkreuzungen: Sie sind für die meisten Anwendungen auf der Anlage ein gelungener Kompromiß zwischen Funktionssicherheit und optischer Vorbildtreue. Aber auch bei den Kreuzungen kann einiges optisch und lauftechnisch verbessert werden:

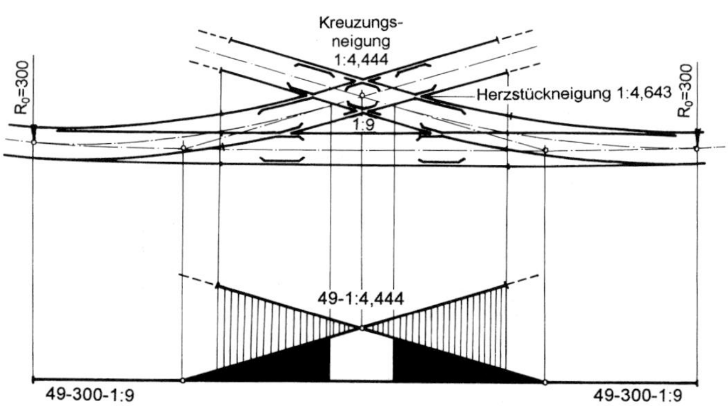

Kreuzung mit Bogenherzstücken
Die Zweiggleishalbmesser R_0 = 300 m beginnen an den Weichenanfängen (WA) der beiden einfachen Weichen und enden an den theoretischen Herzstückspitzen der einfachen Herzstücke der Kreuzung.

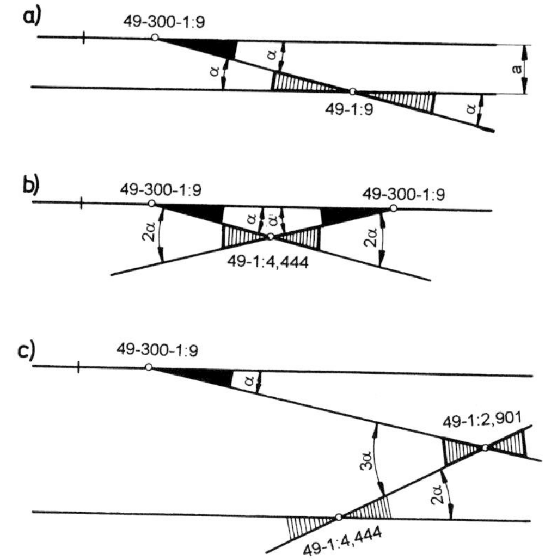

Beziehungen zwischen Kreuzungs- und Weichenwinkel
a) Kreuzungswinkel α = Weichenwinkel α
b) Kreuzungswinkel 2α = doppelter Weichenwinkel α
c) Kreuzungswinkel 3α = dreifacher Weichenwinkel α

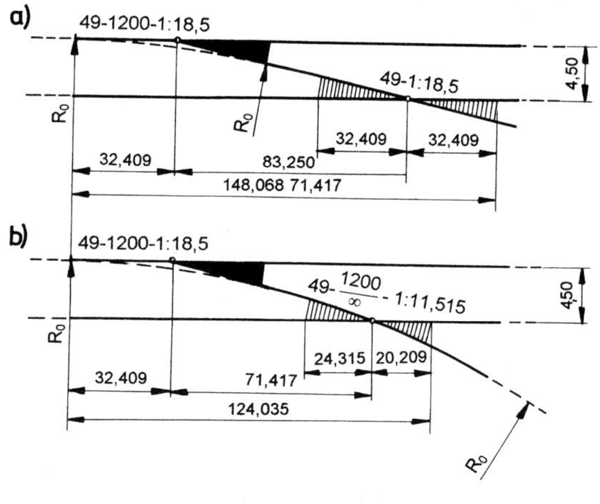

Gegenüberstellung der Lageskizzen von Kreuzungen im Anschluß an eine Weiche EW 49-1200-1:18,5
a) Kreuzung Kr 49-1:18,5

b) Kreuzung Kr 49 - $\frac{1200}{\infty}$ - 1:11,515

- Zur Verringerung der Rillenweiten verwendet man wieder dünne Messing- oder Kupferbleche bzw. -folien. Das ist bei den einfachen Herzstücken noch relativ unkompliziert, bei den doppelten Herzstücken sollte man jedoch immer eine Spurlehre (für H0 bei *fohrmann-Werkzeuge* erhältlich) zur Hand haben, um im 20-mm-Abstand die exakte Spur- und Rillenweite kontrollieren zu können. Noch besser ist die Überprüfung aller Maße während der Montage mit Hilfe eines »Kontrollwagens«.
- Besonders doppelte Herzstücke sind bei Industrieweichen oft massiv hergestellt und sollten auch optisch etwas nachgearbeitet werden. Dabei wird empfohlen, die Herzstücke, die oft nur als Schienen ausgebildet sind, mit angesetzten kleinen Dreiecken oder Schienenstückchen zu richtigen Herzstückwinkeln auszubilden.
- Zu kurze und aus angespritztem Kunststoff nachgebildete Radlenker sollten sauber abgetrennt und durch Nachbildungen aus Messingblech ersetzt werden.
- Schließlich führt das bereits bei den einfachen Weichen erwähnte Schwärzen aller auffälligen Gußteile und das anschließende Blankschleifen der Schienenköpfe und Stromabnahmeflächen zu einem wesentlich dezenteren und damit vorbildgetreueren Aussehen mancher Industrieerzeugnisse.

Metall statt Kunststoff. Weil die Kontaktsicherheit besonders für Triebfahzeuge mit kurzem Achsstand auf der gezeigten Märklin-Kreuzung nicht befriedigte, wurden die Herzstück- und Flügelschienen aus Kunststoff gegen solche aus Neusilber (Code 100) ausgetauscht. Im Zuge des weiteren Umbaus werden die neu eingesetzten Schienen noch getrennt und die Kunststoffradlenker an den doppelten Herzstücken gegen solche aus Metall ausgewechselt.

2.2.3 Kreuzungsweichen

Da die Kreuzungsweichen aus den Kreuzungen entwickelt wurden, gelten für sie die gleichen Grundsätze wie für die Konstruktion von Kreuzungen.

Wichtig für die Geometrie der Kreuzungsweichen sind
- die Größe der Zweiggleishalbmesser und
- die Neigung,

da von ihnen die Lage der Zungenvorrichtungen – ob innerhalb oder außerhalb des Kreuzungsvierecks – abhängt. Die Grundlage für die am meisten verwendeten Kreuzungsweichen bildet die Regelkreuzung mit der Neigung 1:9, bei der sich die Zweiggleishalbmesser
- von R_0 = 190 m innerhalb des Kreuzungsvierecks und
- von R_0 = 500 m (bei durchgehend gleichem Zweiggleishalbmesser) außerhalb des Kreuzungsvierecks

anordnen lassen.

Alle Kreuzungsweichen mit außenliegenden Zungenvorrichtungen besitzen anstelle der einfachen Herzstücke mehrfache Herzstücke, die aus dem Zusammenziehen der entsprechenden Anzahl einfacher Herzstücke entstanden sind. Dabei haben die
- EKW zwei zweifache Herzstücke und die
- DKW zwei dreifache Herzstücke.

bei Kreuzungsweichen mit innenliegenden Zungenvorrichtungen unterscheidet man nach solchen mit
- geraden Herzstücken und solchen
- mit Bogenherzstücken.

Letztere entstehen, wenn der Zweiggleishalbmesser am Weichenende nicht an den Flügelschienen endet, sondern bis zur gewünschten Neigung (z.B. 1:7,5) weitergeführt wird.
Kreuzungsweichen mit außenliegenden Zungen sind so gebaut, daß der Zweiggleisbogen nicht durchgehend ist. So weisen die EKW und DKW 49-190-1:6,6 nur im Bereich der Zungenvorrichtungen und der Herzstücke (EKW: zweifach, DKW: dreifach) einen Bogen von 190 m auf, in Weichenmitte liegt hingegen eine 6,150 m lange Gerade. Auch der Zweiggleishalbmesser von 300 m bei den Weichen EKW und DKW 49-300-1:9 ist nur im Bereich der Zungenvorrichtungen vorhanden, im mittleren Teil der Weiche beträgt er 534,340 m (für EKW) und 1087,881 m (für DKW).
Die Berechnung der Hauptmaße von Kreuzungsweichen erfolgt ähnlich wie bei den einfachen Weichen. Auch hier ist das Hauptmaß die Tangentenlänge

$$t = R_0 \cdot \tan\frac{\alpha}{2}$$

Diese Tangentenlänge ist maßgebend für die Gestaltung des Kreuzungsvierecks, da der Zweiggleisbogen darin untergebracht werden muß. Die Entfernung zwischen den beiden einfachen Herzstücken muß also mindestens so groß sein, wie

Einfache Kreuzungsweiche im Bw Pankow-Heinersdorf in Berlin. EKW 49-190-1:9 Gz (Hh) würde das Kürzel für diese Weiche lauten. Für die Signalaufstellung ist wichtig zu wissen, daß diese Weichen (ob fern- oder - wie hier - handbedient) an jeder Antriebsseite mit je einem Signal für einfache Weichen (Wn 1 und Wn 2) ausgerüstet werden. In der gezeigten Zungenstellung (gerade Durchfahrt) steht die Weiche in Grundstellung, wie die Farben an den Stellgewichten erkennen lassen.

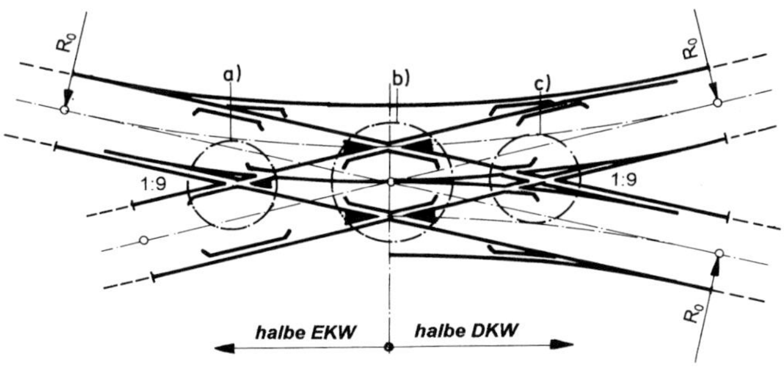

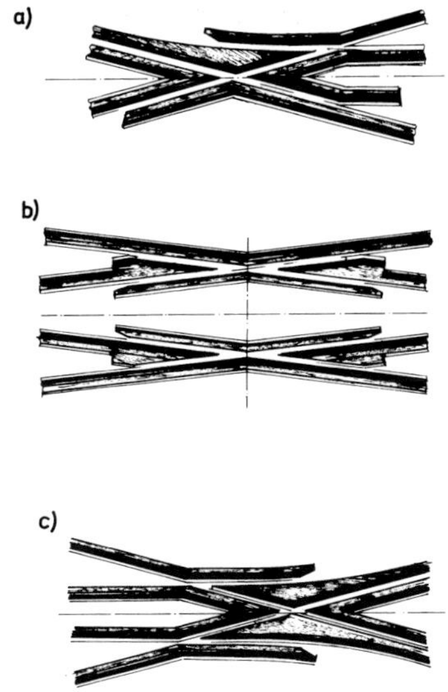

Mehrfache Herzstücke in Kreuzungsweichen mit außenliegenden Zungen
a) zweifaches Herzstück (ZfH),
b) dopelte Herzstücke (DH),
c) dreifaches Herzstück (DfH)

zwei Tangenten lang sind. Bei Kreuzungsweichen mit außenliegenden Zungen wird der Zweiggleisbogen künstlich durch eine Gerade oder Bögen mit großem Halbmesser korbbogenähnlich gestreckt, damit die Zungenvorrichtungen auch tatsächlich außerhalb des Kreuzungsvierecks zu liegen kommen. Daß dieser gestreckte Korbbogen fahrdynamische Vorteile (z.B. höhere Geschwindigkeiten) hat, liegt auf der Hand. Problematisch ist allerdings die relativ komplizierte Konstruktion der dreifachen Herzstücke.
Bei Industriemodellen von Kreuzungsweichen mit ihren einfachen, doppelten und evtl. dreifachen Herzstücken führt die Notwendigkeit, alle Spurführungsmaße exakt einzuhalten, – vor allem bei den kleinen Nenngrößen – zu Kompromissen, die zwar dem vorbildgetreuen Eindruck abträglich, jedoch fertigungstechnisch oftmals nicht anders zu beherrschen sind. So ist es z. B. üblich, daß bei doppelten Kreuzungsweichen in der Nenngröße N von den vier Zungenpaaren nur noch die vier einzelnen, an der äußeren Schiene anliegenden Zungen übrig geblieben sind. Alle anderen Spurführungsfunktionen werden durch Leitvorrichtungen auf einer Platte, die das gesamte Kreuzungsviereck ausfüllt, realisiert.

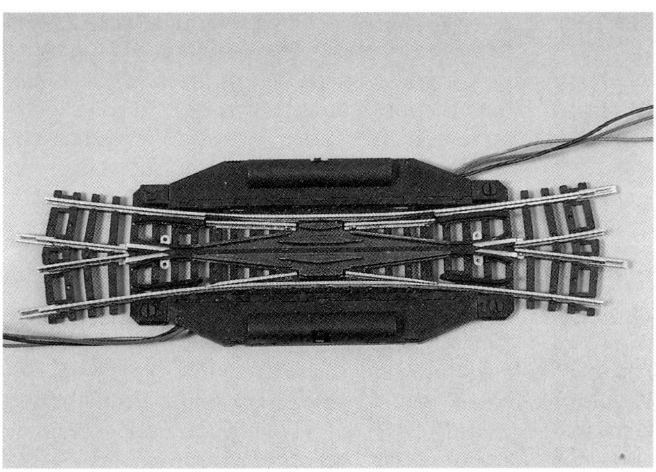

Doppelte Kreuzungsweiche in der Nenngröße N (Roco). Die Grenzen der industriellen Herstellung von Weichen mit doppelten Herzstücken in diesem Maßstab werden hier deutlich sichtbar. Im Interesse der sicheren Befahrbarkeit wurde die Nachbildung der Gleisteile im Kreuzungsviereck auf eine Platte mit Spurrillen reduziert.

Ganz anders in der Nenngröße H0. Hier sind z.T. sehr vorbildgetreu gestaltete und gut funktionierende Doppelte Kreuzungsweichen im Handel. Hervorzuheben ist dabei eine mit außenliegenden Zungen und 1050-mm-Zweiggleisradius von *Roco*. Für den Bastler gibt es an solchen Modellweichen kaum noch etwas zu verändern. Lediglich die angespritzten Radlenker aus Plastik können durch modellgetreuere Konstruktionen aus Messingblech ersetzt werden. Bei Weichen in den kleineren Nenngrößen erzielt man mit dem Blankputzen der Leiteinrichtungen auf der geschwärzten Kreuzungsplatte eine optische Aufwertung.

Bogenweichen werden meistens aus den Grundformen (Gdf) einfacher Weichen entwickelt, so daß beim Biegen des Stamm- und Zweiggleises die ursprüngliche Herzstückneigung erhalten bleibt. Das ist wohl auch ein Grund dafür, daß für Bogenweichen die Signale der einfachen Weichen Gültigkeit haben, obwohl das Stammgleis beim Anzeigen des Signals Wn 1 (»Gerader Strang«) nicht gerade verläuft.

2.2.4 Bogenweichen

Die zunehmende Erhöhung der Fahrgeschwindigkeit und die steigenden Anforderungen an den Fahrkomfort erforderten u.a. eine ständige Verbesserung der Linienführung. Um das stetige Befahren von einem Bogengleis in ein anderes zu ermöglichen, wurden deshalb Weichen notwendig, die sich mit ihrem Stammgleis in einen Bogen krümmen ließen. Das war bei früheren Länderbahnweichen nicht möglich. Deren gesamte Zungenvorrichtungen einschließlich Zungen, Zungengelenke, Backenschienen und Verriegelungen waren nämlich auf einer Platte montiert, die sich nicht krümmen ließ. So konnten diese Weichen nur als Zwischengerade in einen Gleisbogen eingebaut werden. Das hatte

- mehrere Radienwechsel,
- verringerte Geschwindigkeiten,
- verschlechterte Linienführung und
- eine Verlagerung der Gleisachse zur Folge.

Später baute man in den Weichenwerken Bogenweichen mit standardisierten Radien. Kostspielige Vorratshaltung und der oftmals erforderliche Einbau in einen Bogen mit anderem Halbmesser als in der Weichenkonstruktion vorgesehen, lohnten aber den Aufwand nicht. Erst durch die Entwicklung von Zungenvorrichtungen ohne durchgehende Weichenplatten und von Bogenherzstücken wurde es möglich, gerade Weichen nach einem bestimmten Stamm- bzw. Zweiggleishalbmesser zu biegen. Diese Bogenweichen lassen sich problemlos an vorhandenen Gleisbögen anpassen.
Das Biegen einer Weiche der Grundform mit Bogenherzstück zu einer Bogenweiche kann man sich so vorstellen: Das Weichendreieck wird unter Beibehaltung der beiden wichtigsten Weichenparameter

- Tangentenlänge t und
- Weichenwinkel α

um den Tangentenschnittpunkt (TS = WM) gedreht.

Liegen nach dem Biegen einer Weiche der Grundform die Bogenmittelpunkte des Stamm- und Zweiggleises R_1 und R_2 auf entgegengesetzten Seiten der Weiche, so entsteht eine Außenbogenweiche (ABW), liegen die Bogenmittelpunkte auf gleicher Seite, entsteht eine Innenbogenweiche (IBW). Weichen der Grundform können so zu Bogenweichen gekrümmt werden, daß ihr Stamm- oder Zweiggleis in das bereits vorhandene durchgehende Hauptgleis eingebaut wird.
Das Stamm- oder Zweiggleis kann von einem durchgehenden Gleis nach außen oder nach innen abzweigen. Bei einem Abzweig nach innen entsteht immer eine Innenbogenweiche, bei einem Abzweig nach außen eine Innen- oder Außenbogenweiche.
Die genaue Berechnung der Halbmesser der Bogenweichen (wichtig für das Abstecken der Weiche auf der Baustelle) erfolgt auf der Grundlage des geometrischen und mathematischen Zusammenhangs zwischen dem Stammgleishalbmesser R_1 und dem Zweiggleishalbmesser R_2. Beim Abzweig nach innen wird aus dem vormals geraden Stammgleis der Bogen des durchgehenden Gleise $R = R_1$.

Rarität des Weichenbaus. Auch bei der Konstruktion von Außenbogenweichen bedient man sich vorwiegend der geometrischen Abänderung von Weichen der Grundform (Gdf). Diese symmetrische Außenbogenweiche bei der Berliner S-Bahn ist als Sonderanfertigung mit extrem steiler Herzstückneigung und anschließenden Gegenbögen jedoch eine Ausnahme.

Aus dem ehemaligen Zweiggleishalbmesser R_0 wird der neue Abzweigradius R_2. Diese Umformung erfolgt nach der Formel

$$R_2 = \frac{R_0 R_1 - t^2}{R_0 + R_1}$$

Beim Abzweig nach außen hingegen kann je nach den geometrischen Bedingungen eine Innen- oder Außenbogenweiche entstehen. Liegt nämlich der Bogen des durchgehenden Gleises im Zweiggleis der Weiche und ist dieser größer als der ursprüngliche Zweiggleishalbmesser der Grundform, kann nach der Geometrie der Weichengrundform (gleiche Tangentenlänge und gleicher Weichenwinkel) der Bogen des Stammgleises in gleicher Richtung gekrümmt sein, wie das Zweiggleis.

Verläuft der Bogen des Stammgleises mit gleichem Halbmesser wie das Zweiggleis, jedoch in entgegengesetzter Krümmungsrichtung, entsteht eine symmetrische Außenbogenweiche. Aus praktischen Gründen werden Weichen der Grundform höchstens bis zur symmetrischen Außenbogenweiche gekrümmt. Sollte ein weiteres Biegen notwendig sein, so ist z.B. anstelle einer Linksweiche eine Rechtsweiche oder umgekehrt zu verwenden. Zur Berechnung von Außenbogenweichen gilt die gleiche Formel wie oben, jedoch mit umgekehrten Vorzeichen

$$R_2 = \frac{R_0 R_1 + t^2}{R_0 - R_1}$$

und den Bedingungen $R_0 < R < 2R_0$.

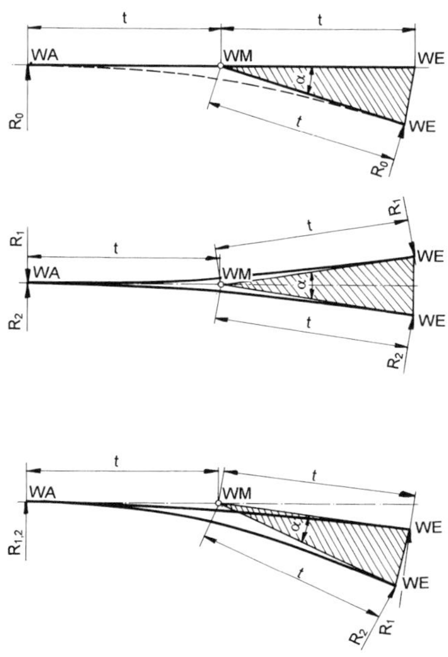

Schema des Biegens einer einfachen Weiche der Grundform
Lageskizzen:
a) einfache gerade Weiche (EW)
b) Außenbogenweiche (ABW)
c) Innenbogenweiche (IBW)
R_0 Zweiggleishalbmesser der Weichengrundform, R_1 Stammgleishalbmesser der Bogenweiche, R_2 Zweigglieshalbmesser der Bogenweiche, WA Weichenanfang, WM Weichenmitte, WE Weichenende, t Tangentenlänge, α Weichenwinkel.

Aus geometrischen und konstruktiven Gründen dürfen beim Biegen der Weichen der Grundform bestimmte Grenzhalbmesser für das Stamm- und Zweiggleis von Innenbogenweichen nicht unterschritten werden. Da Bogenweichen ohne Spurerweiterung hergestellt werden, wurde mit Rücksicht auf die ungünstige Bogenläufigkeit bestimmter Fahrzeuge (z. B. mit großem, festen Achsstand) der Grenzhalbmesser einer Innenbogenweiche aus den Grundformen EW 49-500-1:12 und EW 49-300-1:9 mit R_2 = 190 m festgelegt. Eine Unterschreitung dieses Grenzhalbmessers würde den Bau einer Sonderkonstruktion mit Spurerweiterung zur Folge haben. Weichen der Grundform mit geradem Herzstück bereiten beim Biegen Probleme, da der gerade Verlauf des Herzstücks einer »flüssigen« Fahrgeometrie entgegensteht.

Für die Modelleisenbahn bieten eine Vielzahl von Herstellern Innen- und Außenbogenweichen für die üblichen Nenngrößen an. Selbstverständlich entsprechen die Radien dieser Bögen der Gleisgeometrie des jeweiligen Herstellers. Dabei werden die größten Radien der jeweiligen Systeme für die Bögen der Stammgleiskrümmung ausgewählt. Sollen Weichen in andere Radien gebogen werden, bleibt nur der Selbstbau oder der Versuch, Weichen der Grundform in diese Bögen zu krümmen. Doch das stößt auf Schwierigkeiten:

- Fast alle Industrieweichen sind mit geraden Herzstücken versehen, so daß der Bogen das Herzstück »aussparen« muß.
- Die Herzstücke sind fertigungstechnisch vielfach so starr ausgebildet (die Herzstückschienen bilden mit der Grundplatte und den Flügelschienen eine Einheit), daß sich der Herzstückbereich nicht beliebig biegen läßt.
- Bettungskörper (Märklin-M und -C, Fleischmann Profi und piccolo, Hartel, Roco-line mit Bettung) und massive Mittelleiter-Roste (Märklin-K) lassen keine Veränderung der Weichengeometrie zu.

Nur Weichen mit offenen Schwellenrosten, leicht verschiebbaren Schienen in den Schienenbefestigungen und Schienenherzstücken lassen im begrenzten Maße Manipulationen der Achsenkrümmung zu. So konnte eine *Pilz*-Weiche EW 83-1350-1:6,31(Pi) erfolgreich in einen 1050-mm-Bogen gekrümmt werden. Der Zweiggleishalbmesser der neuen Weiche, der in der Grundform 1350 mm groß war, wurde nach der Formel

$$R_2 = \frac{R \cdot R_0}{R + R_0} = \frac{1050 \cdot 1350}{1050 + 1350}$$

mit 590 mm errechnet. Das war aber auch nur möglich, weil diese Weiche bereits in der Grundform ein Bogenherzstück hat und die Schwellen radial zum Zweiggleisbogen verlaufen. Nach Durchtrennen der Verbindungsstege zwischen den Schwellen (unter der geraden Stammgleisschiene und der äußeren Zweiggleisschiene jeder dritte Verbindungssteg, unter der inneren Stammgleis- und Zweiggleisschiene jeder Verbindungssteg) ließ sich die Weiche gut in den gewünschten Bogen einfügen, wobei allerdings einige Nacharbeiten erforderlich waren. Dazu gehörten das weitere Herausschneiden von Verbindungsstegen im inneren

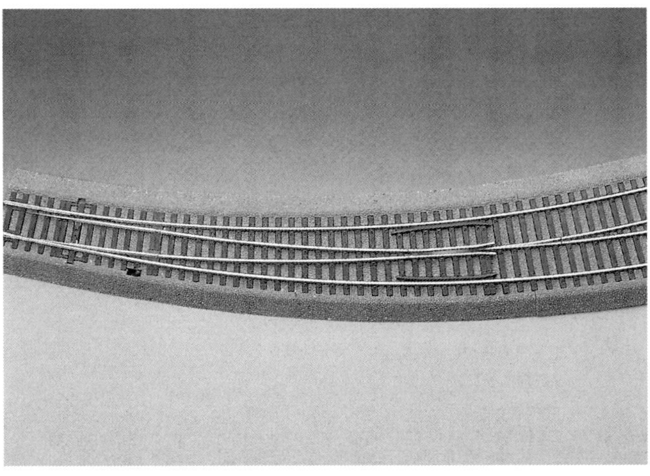

Innenbogenweiche (links) in der Nenngröße H0 von Roco. Die im Roco-Line-System mit Bettung angebotene Weiche hat zwei gleich große Bogenradien: 826,4 mm. Am Weichenanfang bilden die Tangenten der Bögen eine Winkel von 30°, wodurch eine sehr schlanke Konstruktion mit gebogenem Herzstück entsteht.

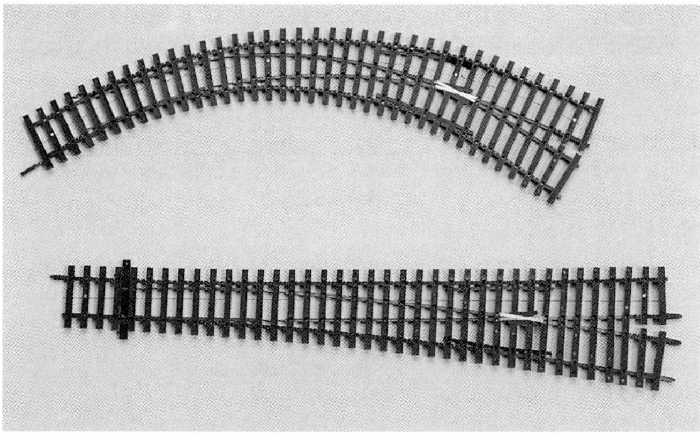

Ideal gekrümmte Pilzweichen. Seit 1996 wird die Weiche EW 83-2707-1:6,31 von Pilz mit mäanderförmigen Federn als Stege zwischen den Schwellen hergestellt. Diese Konstruktion erleichtert ganz entscheidend das Biegen der Weiche in beliebig große Bögen. Allerdings muß man vorher die kleinen Arretierungsstifte (punktgeschweißt) an der Unterseite der Außenschienen entfernen, da diese eine freizügige Verformung behindern.

Bogenbereich, das Kürzen der innenliegenden Schienen und das Verlängern der äußeren Stammgleisschiene (hier wurde praktischerweise die Schiene des Flexgleisbogens gleich durchgezogen). Auch die beiden Zwischenschienen und Federschienenzungen mußten verlängert bzw. verkürzt werden. Schließlich wurden die beiden Radlenker entfernt und nach Festlegen der Weiche in ihrer neuen Lage durch solche aus 0,8 mm dickem Messingblech ersetzt.

2.2.5 Bogenkreuzungen

Mit der Entwicklung von Bogenweichen war zwangsläufig die Entwicklung von Bogenkreuzungen verbunden. Das Biegen von Kreuzungen in Bogenkreuzungen geschieht sinngemäß wie das Biegen von einfachen Weichen:
- die Hauptmaße (Kreuzungswinkel α, Tangentenlänge t) werden beim Biegen beibehalten,
- die beim Biegen entstehenden Längenunterschiede der einzelnen Schienenstränge werden durch Korrekturen an den Zwischenschienen ausgeglichen.

Das Biegen der Kreuzung kann man sich geometrisch wieder so vorstellen, daß die beiden Kreuzungsdreiecke um den Kreuzungsmittelpunkt gedreht werden. Gebogen werden nur Kreuzungen der Bauformen Kr 49-1:9 (Regelkreuzung) und Kr 49-1:18,5. Da die Gleise bei der Grundform gerade sind, erhalten sie durch das Biegen gleiche Halbmesser. Durch das Biegen entstehen
- Innenbogenkreuzungen (IBKr) und
- Außenbogenkreuzungen (ABKr).

Die überschlägige Berechnung der Halbmesser von Bogenkreuzungen geschieht nach den gleichen Grundsätzen wie bei der Umwandlung einfacher Weichen in Bogenweichen, jedoch werden diese Kreuzungen nur bis zu einem Halbmesser von R = 500 m hergestellt. Bogenkreuzungen mit Halbmessern R = 750 m und einer Neigung von 1:9 erhalten zur sicheren Führung der Fahrzeuge in den doppelten Herzstücken verlängerte Radlenker an den äußeren Schienen.

Bogenkreuzungen als Erzeugnisse der Modellbahnindustrie gibt es nicht. So bleibt demjenigen, der solche Konstruktionen auf seiner Anlage ein-

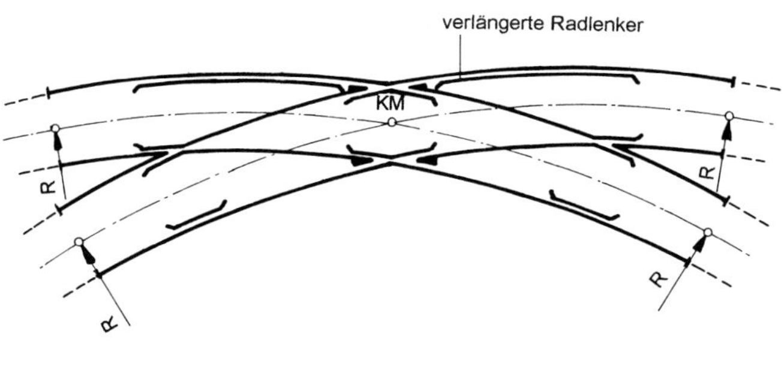

Fahrkantenbild einer Bogenkreuzung der Neigung 1:9 mit R = 750 m

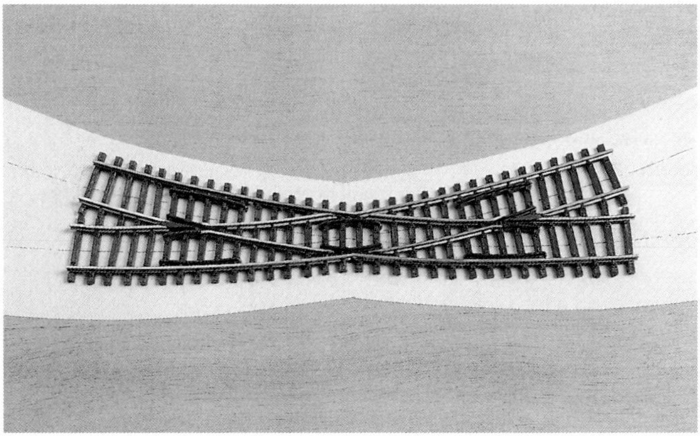

Gebogene Kreuzung in TT. Durch Trennen der äußeren Verbindungsstege zwischen den Schwellen und Herausschneiden von Teilen dieser Stege an der Innenseite des gewünschten Bogens läßt sich diese TT-Kreuzung in eine Bogenkreuzung mit jeweils 600 mm Radius biegen. Die Anfertigung einer Schablone wird bei dieser wie auch bei allen anderen Manipulationen der Form empfohlen.

zubauen wünscht, nur der Umbau einiger Industriekreuzungen oder der Selbstbau. Dabei gilt für die Entwicklung von Bogenkreuzungen das gleiche wie für die Entwicklung von Bogenweichen aus Grundformen der einfachen Weichen:

- Nur Kreuzungen auf einem einfachen Plastikschwellenrost (ohne Bettungskörper) sind zum Biegen geeignet,
- die Kreuzungen dürfen keine massiven Herzstücke besitzen, die mit den Flügelschienen aus einem Stück gegossen sind (am besten sind Schienenherzstücke) und
- die Schienen müssen sich leicht in den Schienenbefestigungen (Kleineisennachbildungen) bewegen.

Durch Trennen der Verbindungsstege an der Krümmungsaußenseite und Herausschneiden dieser Stege unter den Schienen an der Bogeninnenseite wird die Möglichkeit geschaffen, daß sich die Kreuzung in einen weiten Bogen biegen läßt. Beim Trennen der Verbindungsstege muß darauf geachtet werden, daß der Schwellenkörper nicht gänzlich durchgetrennt wird. Im Herzstückbereich wird empfohlen, vor dem Biegen die gesamte Schienenkonstruktion zu entfernen und nach dem Fixieren der Kreuzung im Bogen diese Teile bogengerecht wieder einzupassen. Die äußeren Radlenker werden entfernt und durch längere, paßgenau gebogene Streifen aus Messingblech ersetzt.

2.2.6 Bogenkreuzungsweichen

In der gleichen Art wie Kreuzungen können auch Kreuzungsweichen gebogen werden. Dabei beschränkt man sich jedoch nur auf Kreuzungsweichen mit der Regelneigung 1:9 im allgemeinen und auf solche mit einem Zweiggleishalbmesser von R_0 = 500 m im besonderen. Weiterhin lassen sich aus der einfachen Kreuzungsweiche EKW 49-500-1:9 einfache Innenbogenkreuzungsweichen (EIBKW) und einfache Außenbogenkreuzungsweichen (EABKW) herstellen. Als Merkmal für diese Weichenarten gilt, wie bei einfachen Weichen, die Lage der Bogenmittelpunkte der beiden Stammgleise und des Zweiggleises auf der gleichen bzw. entgegengesetzten Seite der Weiche. Die Weiche DKW 49-500-1:9 läßt sich sinngemäß biegen wie die einfache Kreuzungsweiche. Werden die Weichen EABKW und DBKW so weit gebogen, daß ihre Stamm- und Zweiggleishalbmesser im Bereich der Zungenvorrichtungen gleich groß sind, spricht man von symmetrisch aufgebogenen Zungenvorrichtungen. Werden diese Weichen über dieses Maß hinaus gebogen, so müssen von diesem Grenzwert ab die rechten Zungenvorrichtungen durch linke und umgekehrt ersetzt werden, da die Zungenvorrichtungen nicht über die Symmetrieachse hinaus gebogen werden können. Man sprich in diesem Fall von »vertauschten« Zungenvorrichtungen.

Gebogene Kreuzungsweichen, ob einfach oder doppelt, sind als Industrieerzeugnisse nicht im Handel. Hier bleibt dem Interessenten nur der Selbstbau. Eine gewisse Hilfe stellen dabei industrielle EKW oder DKW dar, deren Schwellenrost sich (wiederum ohne Bettungskörper) zu einem Bogen biegen läßt. Dazu müssen allerdings alle Schienen, Herzstücke und Radlenker entfernt sein. Erst wenn der Schwellenkörper fest in dem vorgesehenen Bogen liegt und alle Leitmaße (Abstände der Schienenmitten durch Messen der Abstände der Schienenbefestigungsmittel) stimmen, kann mit dem Aufbau der Schienenkonstruktion begonnen werden. Dabei (Arbeiten von innen nach außen) ist die Einhaltung der Spurmaße ständig zu überprüfen.

2.3

Gleisverbindungen

Definition: Eine Verbindung zwischen zwei Gleisen, die aus zwei Weichen und einem kurzen dazwischenliegenden Gleisstück besteht, heißt Gleisverbindung.

Die zügige Abwicklung des Eisenbahnbetriebs erfordert besonders im Bahnhofsbereich eine rationelle Verbindung, Verzweigung oder Kreuzung der Fahrwege.
Je nach der geometrischen Lage der miteinander zu verbindenden Gleise werden mehrere Ausführungsmöglichkeiten für die praktisch vorkommenden Gleisverbindungen unterschieden. Zu den Gleisverbindungen zählen:
- einfache, gerade Gleisverbindungen zwischen parallelen Gleisen
- gerade Gleisverbindungen zwischen nichtparallelen Gleisen und
- einfache Bogengleisverbindungen zwischen konzentrischen Gleisen.

Doppelte Gleisverbindungen werden vermieden oder in einfache Gleisverbindungen aufgelöst.

Gerade Gleisverbindungen zwischen zwei parallelen Gleisen besitzen Weichen mit gleichen Zweiggleishalbmessern und gleichen Neigungen. Die Weichenbögen sind nicht überhöht und haben auch keinen Übergangsbogen. Das Verbindungsgleis kann
- ohne Zwischengerade aus den beiden aneinanderstoßenden Zweiggleisen der Weichen und/oder
- mit einer Zwischengeraden

Gleiswechsel mit Eleganz. Daß eine Gleisverbindung nicht immer symmetrisch (mit gleichen Weichenkonstruktionen ausgerüstet) sein muß, beweist dieses Bild. Hier sind sogar die Tragwerke unterschiedlich: Während die Schnellfahrweiche im Vordergrund mit einem extrem großen Zweiggleisbogen auf Stahlbetonschwellen verlegt wurde, ist die im Hintergrund sichtbare Regelweiche (1200 m Radius) mit Holzschwellen versehen.

ausgebildet sein. Die letztere Variante ist am günstigsten, weil sie fahrdynamische Vorteile hat.
Zur Berechnung der Hauptmaße der Gleisverbindung ist die Festlegung der Weichengrundform und damit des Zweiggleishabmessers und der Weichenneigung Voraussetzung. Diese wiederum lassen sich nur aus der in der Aufgabenstellung geforderten signalisierbaren Geschwindigkeit V_S ableiten.
Gerade Gleisverbindungen zwischen nichtparallelen Gleisen werden in der Regel mit Verlängerung eines Zweiggleisbogens hergestellt, um eine kürzestmögliche Verbindung zu erreichen. Wenn die Gleise zueinander um den Winkel δ geneigt sind, muß der Zweiggleisbogen der einen Weiche soweit verlängert werden, bis $\varphi = \alpha + \delta$ ist.
Beim Biegen der geraden Gleisverbindung zwischen parallelen Gleisen entsteht eine Bogengleisverbindung zwischen konzentrischen Gleisbogen.

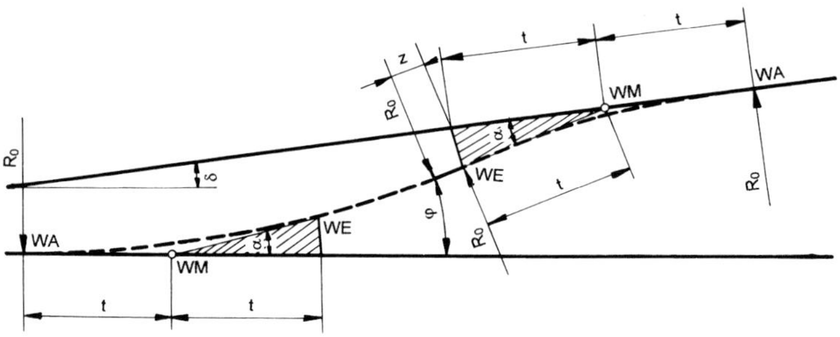

Gleisverbindung zwischen nichtparallelen Gleisen mit Verlängerung eines Zweiggleisbogens WA Weichenanfang, WM Weichenmitte, WE Weichenende, t Tangentenlänge, R_0 Zweiggleishalbmesser, α Weichenwinkel, δ Winkel des nichtparallelen Gleises zum Stammgleis, φ Winkel der Tangente an den verlängerten Zweiggleisradius zum Stammgleis, z Zwischengerade.

Genau wie bei der Umwandlung gerader Weichen- und Kreuzungskonstruktionen bleiben auch hier die Tangentenlänge t und der Weichenwinkel α erhalten. Aus der Zwischengeraden entsteht ein Zwischenbogen des Halbmessers R_Z mit der mittleren Krümmung der beiden konzentrischen Gleisbögen.

Bogengleisverbindungen können als
- gleichwendige Verbindung (zwei IBW) oder
- gegenwendige Verbindung (eine ABW und eine IBW)

zwischen konzentrischen Gleisbögen ausgebildet werden.

Über Gleisverbindungen im Modell findet man nur selten etwas in der Modellbahnliteratur. Dabei sind sie von besonderem Interesse, weil mit ihnen platzsparende Gleisplanlösungen möglich sind. So sind besonders doppelte Gleisverbindungen bei den Modelleisenbahnern sehr beliebt, obwohl sie beim Vorbild selten zu finden sind. Viele Modellbahnhersteller bieten doppelte Gleisverbindungen an (z. B. *Märklin*-M- und -K-Gleis, *Fleischmann*). Auch *Roco* stellt in der Nenngröße H0 ein passendes Mittelstück her, das mit vier einfachen Weichen kombiniert, eine doppelte Gleisverbindung von 575 mm Länge (L) bei 92,4 mm Gleisabstand (a) ermöglicht. Die doppelte H0-Gleisverbindung von *Pilz/Tillig* (L: 363 mm, a = 55,0 mm) kann fertig montiert oder als Bausatz bezogen werden. In der Nenngröße N gibt es eine sehr ansprechende doppelte Gleisverbindung von *Peco* (L: 270 mm, a: 26,5 mm).

Natürlich kann sich der Modellbauer gerade Gleisverbindungen, ob einfach oder doppelt, auch selbst arrangieren, indem er in das Geviert, das die Zweiggleisanschlüsse von vier einfachen Weichen offen lassen, das Mittelteil einer Kreuzung einbaut. Daß dabei etwas gesägt werden muß, bleibt nicht aus. Schwieriger ist da schon der Bau von Gleisverbindungen in nichtparallelen bzw. in Bogengleisen. Während der erste Fall sicher sehr selten auftritt, ist letzterer auf der Modellbahn sehr beliebt, weil der Einbau einer Gleisverbindung bereits im Einfahrbogen großen Platzgewinn verspricht. Will man diese Verbindung präzise trassieren , kommt man um etwas Mathematik nicht herum.

Angenommen, der zweigleisige Einfahrbogen in einen Bahnhof hat einen Radius (Gleisachse) von 600 mm und eine Gleisabstand von 64 mm. Für den Einbau einer einfachen Gleisverbindung in diesen Bogen sollen *Pilz*-Weichen EW 83-866-1:5,14-(Pi) verwendet werden. Die Neigung 1:5,14

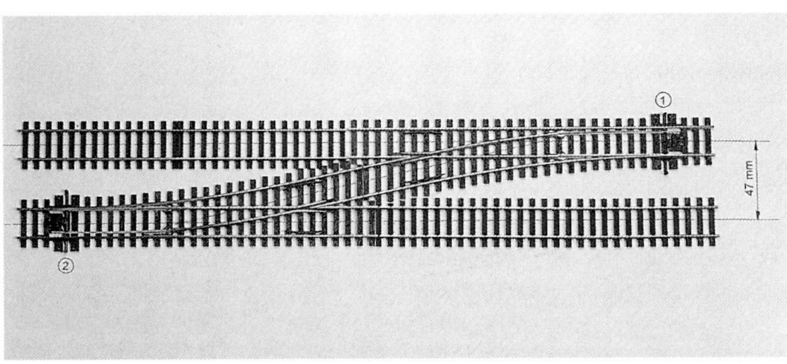

Schlanke Überfahrt. Einen Gleisabstand von 47 mm in der Nenngröße H0 kann man einhalten, wenn man für die dargestellte einfache Gleisverbindung zwei Weichen EW 75-914-1:4,70 von Peco verwendet. Lediglich am Stoß der beider Zweiggleise mußte ein wenig gefeilt werden.

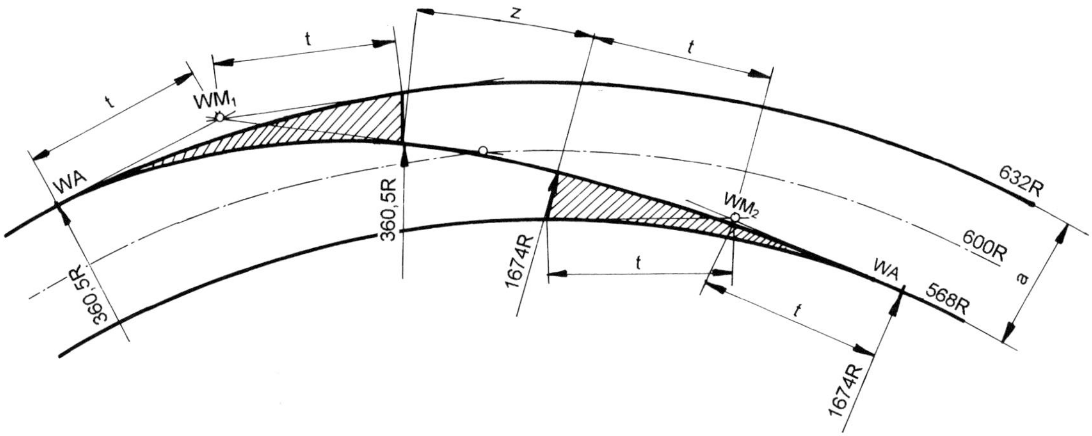

Geometrischer Zusammenhang und Hauptmaße zur Berechnung konzentrischer Bogengleisverbindungen
Beispiel: Weiche 1 im Bogen 632R IBW 632/306,5 Gdf 83-866-1:5,14 r Fsch (Pi), Weiche 2 im Bogen 568R IBW 1674/568 Gdf 83-866-1:5,14 l Fsch (Pi).
WA Weichenanfang, WM1 Weichenmitte Weiche 1, WM2 Weichenmitte Weiche 2, t Tangentenlänge, a Gleisabstand, z Zwischenbogen

steht für den Tangens des Weichenwinkels von 11°. Daraus ergeben sich die Tangentenlängen der Weiche

$$t = R \cdot \tan \frac{\alpha}{2} = 866 \times 0{,}0963 = 83{,}5 \text{ mm.}$$

Damit wird nach den trigonometrischen Beziehungen im rechtwinkligen Dreieck der Abstand zwischen den Weichenmittelpunkten im ungekrümmten Zustand

$$\sin \alpha = \frac{a}{c}; c = \frac{a}{\sin\alpha} = \frac{64}{0{,}1908} = 335{,}5 \text{ mm.}$$

Abzüglich der beiden Tangenlängen bleibt hier eine Zwischengerade z=335,5-2x83,5=168,5mm. Für die im 632-mm-Radius liegende Weiche gilt $R > R_0$. Somit wird

$$R_2 = \frac{R_0 \cdot R_1 - t^2}{R_0 + R_1} = \frac{866 \cdot 632 - 83{,}5^2}{866 + 632} = 360{,}5 \text{ mm.}$$

Im 568-mm-Bogen, in dem die zweite Weiche liegt, gilt $R < R_0$.

$$R_1 = \frac{R_0 \cdot R_1 + t^2}{R_0 - R_1} = \frac{866 \cdot 568 - 83{,}5^2}{866 - 568} = 1674 \text{ mm.}$$

Für den Radius der Zwischengeraden ergibt sich ein Wert von

$$R_Z = \frac{z \cdot R_m}{a \cdot n - 2t} = \frac{168{,}5 \cdot 600}{64 \cdot 5{,}14 - 167} = 624 \text{ mm.}$$

Einfache Gleisverbindung in vorbildgetreuer Linienführung. Beim Anpassen der Eisenbahntrassen an gegebene Geländeverhältnisse war die Bahn oft zu solch weitgeschwungenen Bogenkonstruktionen gezwungen, wie sie hier mit den Pilz-Weichen EW 83-484-1:3,73-r (hinten) und IBW 83-866/425-1:3,73-l (vorn) in der Nenngröße H0 nachgebildet wurden.

Diese errechneten Radien werden als Korbbogen (siehe »Die Modellbahn-Werkstatt« Band 2) zwischen den Weichenmittelpunkten M_1 und M_2 angetragen. Mag diese Berechnung dem einen oder anderen auch sehr aufwendig erscheinen, der optische Eindruck einer solchen Verbindung entschädigt für die umfangreiche Rechnerei.

2.4

Gleisabzweigungen

Definition: Gleisabzweig nennt man den Abzweig eines Gleises von einem (oder mehreren) Streckengleis(en), der mittels Weichen, Weichen und Kreuzungen oder Kreuzungsweichen hergestellt wird.

Gleisabzweigungen werden zur Trennung von Strecken und Bahnhofsgleisen benötigt und können in Hinblick auf ihre geometrische Gestaltung wie Gleisverbindungen behandelt werden. Es können auch mehrere Gleise aus mehrgleisigen Strecken abzweigen.

Nach der Lage und der Zahl der abzweigenden Gleise unterscheidet man in

- gerade und gebogene Gleisabzweigungen und in
- ein- und mehrgleisige Gleisabzweigungen.

Die geraden Gleisabzweigungen werden mit geraden, einfachen Weichen hergestellt. Sollen mehrgleisige Strecken abzweigen, müssen in der Regel Kreuzungen eingebaut werden. Einen Sonderfall stellt der symmetrische Gleisabzweig dar, der mittels einer symmetrischen Außenbogenweiche erreicht wird.

Bei Bogengleisabzweigungen treffen im wesentlichen die bereits bei den Bogengleisverbindungen gemachten Erkenntnisse zu. Auch hier können die Abzweigungen konzentrisch oder exzentrisch erfolgen, genau wie die Abzweigungen von parallelen und nichtparallelen Gleisen. Der rechnerische und vermessungstechnische Aufwand einer Weichenabsteckung von Bogengleisabzweigungen in der Praxis ist sehr hoch. Grund dafür ist die Tatsache, daß das Terrain für einen zweigleisigen Bogengleisabzweig nach außen unter Verwendung von ABW Gdf 49-500-1:12,5 eine Fläche von rund 4000 m^2 umfaßt, die fast quadratmeterweise vermessen und gekennzeichnet (abgesteckt) werden muß.

Eingleisiger Abzweig von einer zweigleisigen Strecke. Die Geometrie der Abzweigweiche ist abhängig von der geforderten Geschwindigkeit. In diesem Fall ist die Konstruktion einer EW 60-500-1:9 l für Geschwindigkeiten bis zu 100 km/h geeignet. Das Abteilungszeichen am linken Oberleitungsmast (00) weist auf den Beginn der Kilometrierung der abzweigenden Strecke an der Weichenmitte hin.

Beim Bau von Gleisabzweigungen im Modell sind diejenigen Modelleisenbahner im Vorteil, die Industriegleise verwenden und außer den im Gleissystem des jeweiligen Herstellers vorhandenen Gleiselementen keine anderen Teile benutzen. Doch auch hier ist eine Grobtrassierung sinnvoll, denn die Summe der möglichen Fehlerquellen an den Stoßstellen der Gleiselemente kann erheblich sein und damit zu unschönen Verzerrungen im Gleisbild führen.

Hingegen wird bereits in dem Moment, wo Flexgleise unterschiedlicher Längen verwendet werden, eine vorbereitende, genaue Trassierung unumgänglich. Wer schließlich seine gesamte Gleisanlage auf der Basis von Modellweichen (wohlmöglich noch aus Bausätzen oder selbst gebaut) und flexibel verlegten Gleisen aufbaut, ist immer gut beraten, vor die Gleisverlegung eine geometrisch exakte Vermessung zu stellen. Die Möglichkeiten dafür reichen von der schlichten Kennzeichnung der Gleisachsen bis zum Aufzeichnen einzelner Schwellen an komplizierten Zwangspunkten.

Eine geometrisch genaue Gleisvermessung bei der Modellbahn soll am Beispiel einer einfachen, geraden Gleisabzweigung beschrieben werden: In einen eingleisigen Strang soll mit Hilfe einer EW C83-866-1:5,14-l-(Pi) eine Abzweigung in ein paralleles Gleis mit 52 mm Gleisabstand (NEM 112) eingebaut werden.

Nach den Beziehungen im rechtwinkligen Dreieck beträgt die Abzweiglänge

$$L_0 = \frac{a}{\sin\alpha} = \frac{52}{0{,}1908} = 272{,}5 \text{ mm}.$$

Nach Abzug der Tangentenlänge der Weiche verbleiben

$$L_1 = 272{,}5 - 83{,}5 = 189 \text{ mm}.$$

Unter der Voraussetzung, daß der Bogen R_2 die gleiche Größe hat wie der Weichenradius (gleiche Tangentenlängen, somit leichte Berechnung, gleiche Radienschablone) verbleibt eine Zwischengerade von

$$z = 189 - 83{,}5 = 105{,}5 \text{ mm}.$$

Auch wenn dieses Maß gering erscheint, lohnt sich das Einlegen einer solchen Zwischengeraden in Gegenbögen immer, sowohl aus optischen als auch aus fahrdynamischen Gründen.

Zweigleisiger Abzweig auf einer Modellbahnanlage der Nenngröße H0.

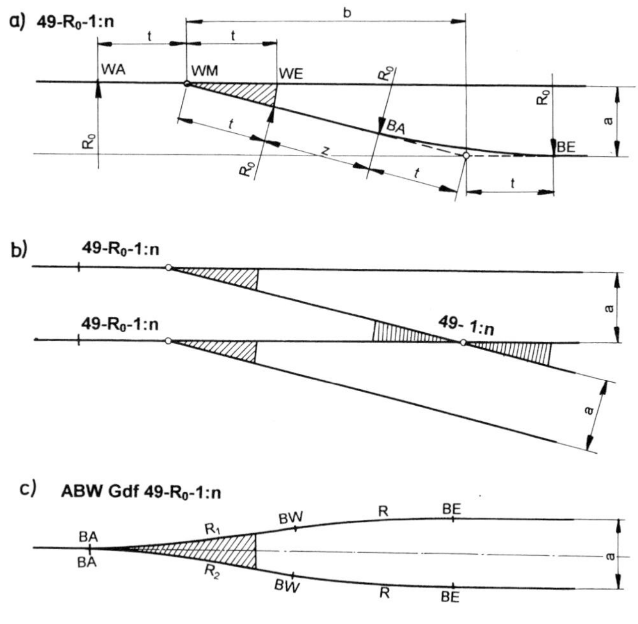

Gerade Gleisabzweigungen
a) eingleisiger gerader Gleisabzweig
b) zweigleisiger gerader Gleisabzweig
c) symmetrischer Gleisabzweig
a Gleisabstand, b Hauptmaß der Gleisverbindung, t Tangentenlänge, z Zwischengerade, R_0 Zweiggleishalbmesser, R_1 Halbmesser des Stammgleisbogens, R_2 Halbmesser des Zweiggleisbogens, R Halbmesser des Verschwenkungsbogens, WA Weichenanfang, WM Weichenmitte, WE Weichenende, BA Bogenanfang, BE Bogenende.

3

Weichenkonstruktion

3.1

Grundsätze des Weichenbaus

Allgemein gelten für alle Gleiskonstruktionen einige Generalforderungen, die sich in den drei Prämissen
- Laufsicherheit,
- Wirtschaftlichkeit und
- Laufruhe

zusammenfassen lassen.

Im Gegensatz zum Gleis besitzen die Weichen jedoch eine Reihe von Merkmalen, die diesen Forderungen entgegenstehen. Das sind
- bewegliche Teile in der Weichenfahrbahn,
- Durchschneidungsstellen der Schienen an den Herzstücken,
- unterschiedliche Schwellenabstände und Schwellenlängen und
- ein großes Sortiment an unterschiedlichen Einzelteilen.

So gesehen stellen die Weichen und Kreuzungen Kompromisse dar, die in über 150 Jahren Eisenbahngeschichte gereift sind und heute ein Optimum darstellen, das sicher noch in Zukunft die Regel bleiben wird. Dabei ist die sinnvolle Kombination unterschiedlicher Bauteile und Baustoffe von großer Wichtigkeit. Diese Baustoffe sind vorwiegend Stahl, Beton und Holz.
Der größte Teil der Fahrbahn, wie Fahrschienen, Weichenzungen und Radlenker werden aus Walzprofilen hergestellt. Ältere Herzstücke sind geschmiedet oder aus Stahl gegossen. Als Schienenunterstützungen werden Schwellen aus Holz (Hart- oder Weichholz), Stahl oder Stahlbeton verwendet. Die Verwendung von Holz als Unterstützung geht bis zu den Anfängen der Geschichte der Eisenbahn zurück und ist auch heute noch die gebräuchlichste Schwellenart. Stahlschwellen wurden besonders in den 30er und 40er Jahren dieses Jahrhunderts eingebaut. Die Ergebnisse an Fahrbahnstabilität und Elastizität waren anfangs vielversprechend, doch die enorme Korrosionsanfälligkeit ließ die Stahlschwelle bald wieder aus den Weichenlagern verschwinden. Schwellen aus Stahlbeton und Spannbeton sind die jüngsten Ergebnisse der Forschung. Auch im Weichenbau setzen sie sich immer mehr durch, besonders auf Neubau- und Schnellfahrtrassen.
Die Längen der Weichenschwellen sind unterschiedlich und müssen dem zunehmenden Abstand zwischen Stamm- und Zweiggleis angepaßt werden. Sie betragen – bei Abstufungen von 0,10 m – im allgemeinen 2,50 m bis 4,70 m bei Holz- und Stahlschwellen. Die Schwellen von Doppelweichen, die ausschließlich mit Stahlschwellen verlegt werden, erreichen Längen von 5,60 m. Die längsten Schwellen einzelner Weichen liegen hinter dem Weichen- bzw. Kreuzungsende. Hinter der letzten durchgehenden Schwelle werden in den auseinanderführenden Gleisen wieder Einzelschwellen verlegt, wobei die ersten auf 2,20 m, 3,30 m und 2,40 m gekürzt werden, um eine Verschachtelung der Schwellenköpfe zu vermeiden.
Je nach Weichenart werden die Schwellen
a) rechtwinklig zur Stammgleisachse,
b) rechtwinklig zur Winkelhalbierenden der Weichenneigung oder
c) fächerförmig

angeordnet.

zu a): Die Schwellenanordnung rechtwinklig zur Stammgleisachse wird nur bei den einfachen Weichen mit 150-m- und 190-m-Zweiggleishalbmessern im Weichenhauptteil bis vor den Flügelschienenstoß angewandt und zwar wegen der in diesen engen Bögen notwendigen Spurerweiterung.

zu b): Rechtwinklig zur Winkelhalbierenden der Weichenneigung werden die Schwellen in den Weichen EW 49-150-1:n und EW 49-190-1:n in deren Weichenendteilen (beginnend beim Flügelschienenstoß), in Kreuzungen, sowie einfachen und doppelten Kreuzungsweichen verlegt. Außerdem sind die durchgehenden Schwellen hinter dem Weichenende bei allen Weichen rechtwinklig zur Winkelhalbierenden der Weichenneigung angeordnet.

zu c): Die fächerförmige Schwellenanordnung besagt, daß die Schwellen nicht parallel zueinander liegen, sondern – vereinfacht ausgedrückt – radial zum Mittelpunkt des Zweiggleisbogens weisen. Ganz stimmt diese Formulierung nicht (in Wirklichkeit ist der Winkel zwischen der Zweiggleistangente und dem Stammgleis am jeweiligen Punkt maßgebend), doch ist sie für die Verwendung bei der

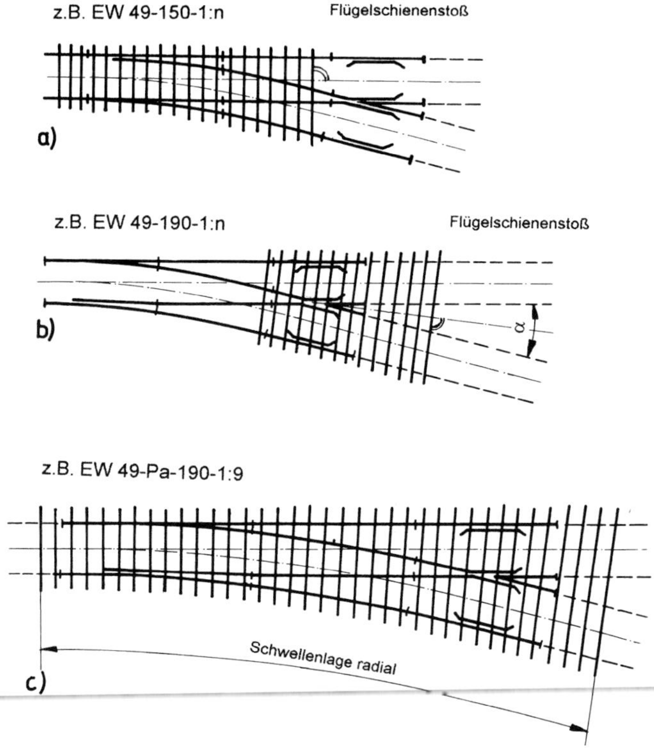

Schwellenanordnung
a) rechtwinklig zur Stammgleisachse
b) rechtwinklig zur Winkelhalbierenden der Weichenneigung
c) fächerförmig

Modellbahn zulässig. Diese Schwellenverlegeart ist typisch für die Weichen EW 49-Pa-190-1:9 (Parabelform des Zweiggleisbogens), EW 49-300-1:9, EW 49-500-1:n, EW 49-1200-1:18,5, und Bogenkreuzungen.

Zur unmittelbaren Erkennung (ohne Konstruktionsunterlagen) einer Weiche im Gleis dient folgende Faustregel: Befindet sich zwischen Weichenanfang (Stoß) und Zungenanfang eine Mittelschwelle, handelt es sich um eine EW 49-190-1:9, bei zwei Mittelschwellen um eine EW 49-300-1:9 und bei drei Zwischenschwellen zwischen Weichen- und Zungenanfang um eine EW 49-500-1:12. Bei der EW 49-1200-1:18,5 liegen an dieser Stelle sogar fünf Zwischenschwellen.

Die Schwellenabstände und die Schwellenteilung ist in Weichen – bedingt durch die konstruktiven Besonderheiten – anders als im Gleis. Die zu einem Weichensatz gehörenden Schwellen werden, zusammen mit den Weichenteilen, im Weichenwerk aufbereitet und im einzelnen zur Baustelle transportiert. Die Schwellenteilung ist dabei mit weißer Farbe an den Schienenstegen der Weichenbauteile angetragen. Die dazugehörigen Schwellen sind mit Schwellennägeln versehen, die ein zweifelsfreies Zuordnen der Schwelle zulassen.

Bei industriellen Modellweichen fallen zwei optische Mängel auf: Neben der modellbedingten Verkürzung der Zweiggleisradien und der Vergrößerung der Weichenneigungen sind es das Fehlen von Nachbildungen der Schwellenroste aus Stahl- und Stahlbetonschwellen sowie die meistens nicht vorbildgetreue Anordnung der Schwellen. Dabei fallen besonders die geknickt ausgeführten Schwellen nach der letzten durchgehenden Weichenschwelle im Herzstückbereich auf. Geknickte Schwellen gibt es beim Vorbild nur, wenn Stahlschwellen verwendet wurden. Hier sollte der Modellbauer in jedem Fall die störenden Knickpunkte herausschneiden und daraus verkürzte Schwellen machen. *Pilz/Tillig* bietet für diesen Schnitt bei seinen 15°- und 11°-Weichen bereits eine tiefe Kerbe an. Die nachfolgenden Einzelschwellen sollten einzeln angebracht und verschachtelt angeordnet werden, so wie das bei den 15°-Weichen von *Roco* zu sehen ist. Bei dieser Firma soll auch auf die vorbildgetreue Anordnungen von Stoßschwellen unter der Weichenfahrbahn hingewiesen werden:

Schwellenlagen im Vergleich. Während Roco (links) die Schwellen vorbildgetreu vom Weichenanfang bis zum Flügelschienenstoß rechtwinklig zum Stammgleis und ab da rechtwinklig zur Winkelhalbierenden der Herzstückneigung anordnet, verlegt Peco (rechts) alle Schwellen rechtwinklig zur Stammgleisachse. Außerdem fehlen hier die Stoßschwellen, die bei Roco vorbildgetreu am Gelenk der Zungenwurzel und am Flügelschienenstoß zu finden sind.

Am Weichenanfang, unter dem Zungengelenk und am Stoß von Zwischen- und Flügelschienen.

Daß Doppelweichen (von einigen Herstellen auch als »Dreiwegeweichen« bezeichnet), auf Holzschwellen angeboten werden, ist nicht vorbildgetreu, da diese entweder nur auf Stahlschwellen oder schwellenlos (z.B. als symmetrische Doppelweiche mit verdeckter Fahrbahn auf den Achterdecks von Eisenbahnfährschiffen) ausgeführt wurden.

Fast alle Weichenhersteller bieten ihre Konstruktionen auf einem Rost aus Kunststoffschwellen an. Je nach verwendetem Material zeigen diese Kunststoffschwellen mehr oder weniger unnatürlichen Glanz, der nur durch Anstriche mit matten Acrylfarben oder einem Überzug aus farblosem Mattlack zu mindern ist. Eine sehr naturgetreue Alternative bietet das Aufkleben von extrem dünnen Furnierstreifen auf die Schwellenoberseite mit nachfolgendem Beizen. Die Seitenflächen der Schwellen brauchen dabei nicht behandelt zu werden, da sie ohnehin im Schotterbett eingeschlossen sind.

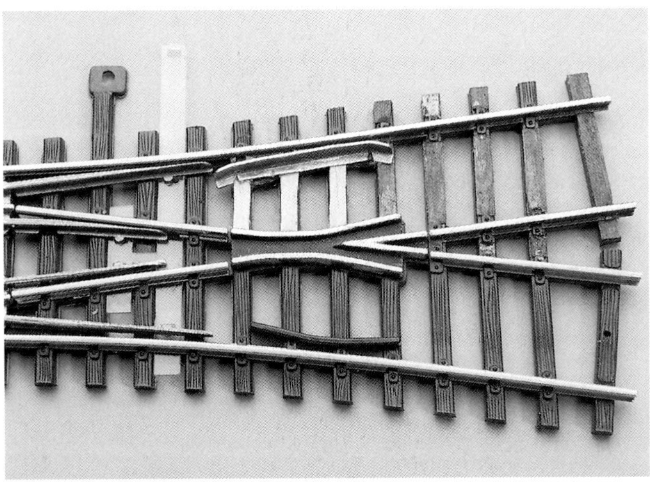

Holz bleibt Holz. So optimal die Herstellung und Detaillierung der Schwellenroste aus Kunststoff bei modernen Gleissystemen auch sein mag, den Charakter von alten, verdreckten Holzschwellen vermögen sie nicht zu vermitteln. Eine Möglichkeit der Verbesserung ist das Bekleben der Plastikschwellen mit hauchdünnen Furnierstreifen und deren anschließendes Beizen. Bei unserem Beispiel wurden gleichzeitig das massiv gegossenen Herzstück geschwärzt und neue Radlenker (engere Spurrillen) eingebaut.

Aus der Vogelperspektive sehen die schlanken Pilz-Weichen ausgesprochen vorbildgetreu aus. Dazu trägt auch die Landschaftsgestaltung bei, die trotz aller Schlichtheit eine geschickte Hand und ein Gespür für das Detail verrät.

Oben: Eine Doppelweiche (Dreiwegeweiche) kann viel Platz sparen. Da der Bahnhof mit seinen drei Bahnsteiggleisen ohnehin keinen Einsatz langer Zuggarnituren gestattet, kommt nur die Verwendung von Weichen mit steilen Neigungen oder solcher Sonderkonstruktionen in Frage. Der Gleisstummel im Vordergrund links dient gleichzietig als Flankenschutzeinrichtung für das durchgehende Hauptgleis 2.

Unten: Wie die Saiten an einer Konzertharfe verzweigen sich die Rangiergleise auf dieser H0-Anlage.

Doppelte Kreuzungsweiche aus dem Pilz-Standardgleis-Sortiment. Für gewöhnlich fällt diese Pilz-DKW durch ihre etwas klobigen Herzstückbereiche aus hell leuchtendem Zinnguß auf. Um sie aber mit dem Elitegleis des gleichen Herstellers verwenden zu können, wurde sie geschickt überarbeitet, indem alle Rillen geschwärzt und nur die Fahrflächen am Ende wieder blank gerieben wurden. Auch das Flex-Gleis wurde gealtert: Die Schwellen erhielten einen stumpfen Anstrich und das Kleineisen wurde farblich hervorgehoben.

Abzweig Blankenheim in Nenngröße H0. Ausschließlich mit Pilz-Gleisen entstand diese Großanlage von einem in der Dampflokzeit stark befahrenen Abzweig in der Vorharz-Region. Alle Weichen werden sicher über Unterflurantriebe gestellt. Die Drahtzugleitungen, die aus dem Stellwerk kommen, wurden vorbildgetreu dargestellt.

Oben: Großzügiger Abzweig einer zweigleisigen Strecke. Das Kaschieren von permanenter Platznot auf der Anlage ist typisch für die Modellbahn. Deshalb werden auch mehr Brücken und Unterführungen als beim Vorbild gebaut. Günstig ist es, wenn solche Kunstbauten geschickt mit Abzweigen oder anderen gleistechnischen Besonderheiten verbunden werden.

Unten: Weichenstraße mit Pilz-Standardgleis. Trotz großzügiger Anlage stimmt die Geometrie und somit der Gesamteindruck. Beachtenswert ist, daß nach jeweils zwei bzw. drei engen Gleisabständen vorbildgerecht ein großer Abstand folgt.

Oben: Schwärzung auffällig silberner Gußherzstücke. Die einfachen und doppelten Herzstücke des Pilz-Standard-Gleises mit ihren Flügelschienen und Radlenkern sind aus einem Guß, bestehend aus einer Zinnlegierung (rechter Teil der doppelten Gleisverbindung). Im Interesse der einwandfreien Spannungsversorgung ist das auf jeden Fall besser, als wenn die Teile aus Kunststoff bestehen würden. Die auffällig silbernen »Flecken« stören jedoch das Gesamtbild der Gleisanlage, weshalb sie »eingeschwärzt« wurden. Fohrmann bietet dazu ein Schwärzungsmittel für Zinn und Zinnlegierungen an, das schnell und gut deckend wirkt. Nach Eintrocknen und Abwaschen des »Restschlamms« werden die Schienenköpfe wieder blank gerieben.

Unten: Umbau einer H0e-Schmalspurweiche von Roco. Zunächst wurden der aufwendige (und wenig vorbildgetreue) Führungsmechanismus für die Stellschwelle und die Befestigung des Oberflur-Weichenantriebs entfernt (links). Die neue Stellvorrichtung, bestehend aus einem Plexiglasstreifen wurde in eine U-förmige Hohlschwelle eingebaut (Mitte) und farblich dem alten Schwellensatz angepaßt (rechts).

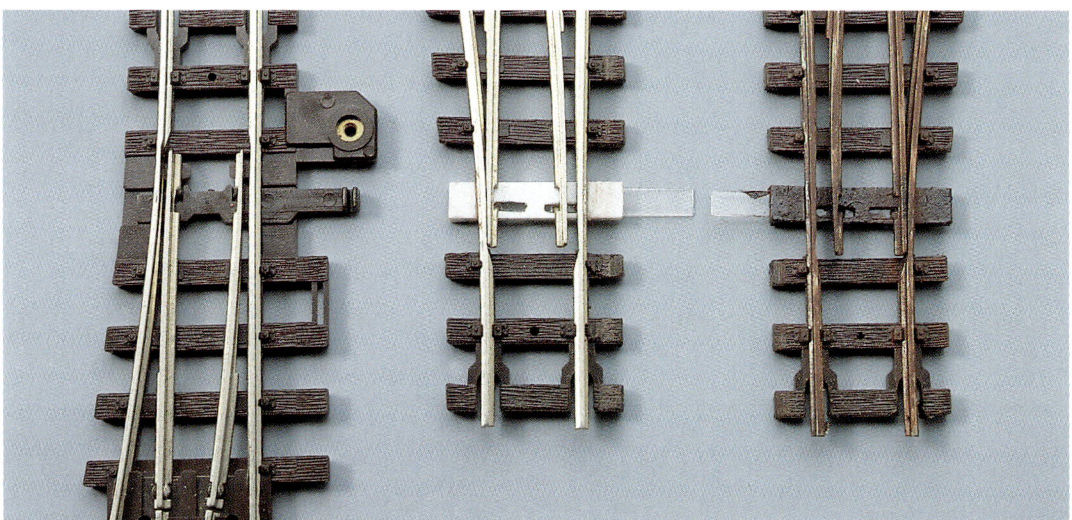

Oben: Doppelte Gleisverbindung in H0. Solche Kombinationen von vier Weichen und einer Kreuzung waren besonders in den Einfahrbereichen von Durchgangsbahnhöfen an zweigleisigen Strecken zu finden, um beliebige Gleiswechsel durchführen zu können. Inzwischen sind diese im Unterhalt aufwendigen Konstruktionen beim Vorbild meistens aufgelöst worden. Im Modell sind sie jedoch wegen ihres geringen Platzbedarfs nach wie vor beliebt. Die im Bild dargestellte Modellösung besteht aus Elementen des Pilz-Standard-Gleissystems.

Unten: Vorbildgetreu sieht diese unsymmetrische Doppelweiche von Pilz im Vorfeld einer Bw-Anlage auf einer H0-Anlage aus. In der Tat waren solche Weichenkonstruktionen – die schon äußerst selten eingebaut wurden – am meisten in Bahnbetriebswerken zu finden, weil hier die Platzverhältnisse in der Regel sehr eng und die Geschwindigkeiten der Lokomotiven niedrig waren.

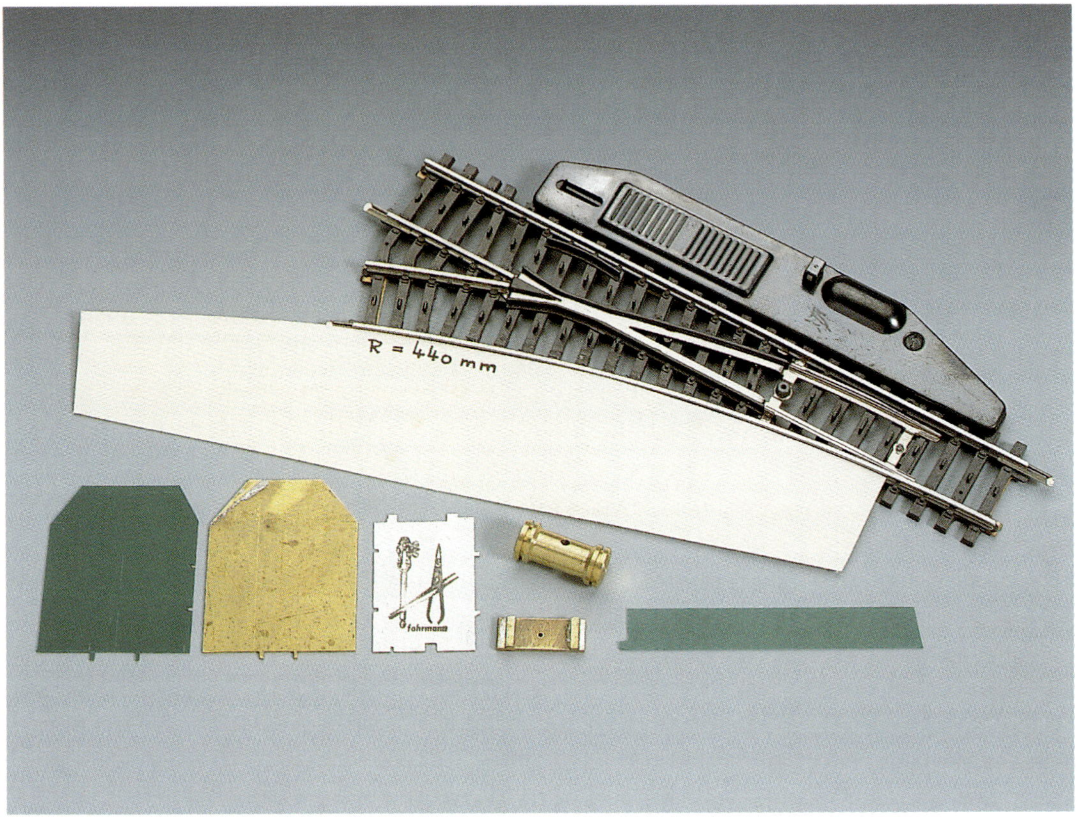

Lehren und Schablonen helfen entscheidend, die Qualität beim Gleis- und Weichenbau zu verbessern. Jeder, der beabsichtigt, Gleise selbst zu gestalten, benötigt dazu Lehren und Schablonen. Sind die Anforderungen und Umfänge gering, genügen selbstangefertigte Lehren, wie die Profillehre (links) und die Abstandslehre für Weichenzungenaufschlag (rechts), die aus Kunststoffolie angefertigt wurden. Strapazierfähiger ist die Messinglehre für H0e-Schmalspurbahnen mit Rollbockverkehr (2. von links) und ganz professionell sind die Vielfachlehre von Fohrmann (3. von links) und die Spurlehre von Schuhmacher (Mitte).

3.2 Die Weichenfahrbahn und ihre Details

Zur Weichenfahrbahn einer Weiche, Kreuzung oder Kreuzungsweiche gehören die Bauteile
- Zungenvorrichtung (nur Weichen),
- Zwischenschienen,
- Herzstück,
- Fahrschienen mit Radlenkern und
- Schienenverbindungsmittel.

3.2.1 Zungenvorrichtungen

Die Zungenvorrichtung ermöglicht funktionsgemäß die eigentliche Ablenkung der Fahrzeuge in das Stamm- oder Zweiggleis einer Weiche mittels beweglicher Weichenzungen.
Eine Zungenvorrichtung besteht aus
- zwei Backenschienen (bearbeitete Regelschienen)
- zwei Weichenzungen (bearbeitete Zungenschienen) sowie
- Befestigungs-, Verspannungs-, Stütz- und Gleitelementen, die zur Aufnahme von horizontalen und vertikalen Kräften, zur Sicherstellung der Zungenendlage und zum Umstellen der Zungenvorrichtung dienen.

Besondere Aufmerksamkeit wird der Konstruktion der Zungenwurzel gewidmet. Diese ist so gestaltet, daß die Zunge leicht stellbar gelagert ist, kein Längs- und Querverschieben oder gar Abheben der Zunge zugelassen wird, ein guter Anschluß der Zunge an die Zwischenschienen gewährleistet ist und sich die Zungenvorrichtungen leicht auswechseln lassen.
Nach der Art der Ausbildung der Zungenwurzel bzw. der Federstelle in der Weichenzunge unterscheidet man in
- Gelenkzungenvorrichtungen,
- Federzungenvorrichtungen und
- Federschienenzungenvorrichtungen.

Diese Reihenfolge ist auch identisch mit der historischen Entwicklung der Zungenvorrichtungen.
Bei Gelenkzungen besteht die Weichenzunge aus der Zungenschiene und einem an diese angeschraubten oder angeschweißten Gelenkstück mit Ringzapfen. In dieser gelenkartigen Konstruktion, die beim Umstellvorgang als Drehpunkt wirkt, ruht die Zungenwurzel wie in einem Stehlager. *Gelenkzungenvorrichtungen (Gzv)* sind sehr verschleißintensiv und nur noch bei älteren Weichen anzutreffen.
Bei Federzungenkonstruktionen besteht die Weichenzunge aus der Zungenschiene und einem kurzen Schienenteil, dessen Federstelle durch Abarbeiten des Fußes und Steges der Zungenschiene auf einer Länge von 1,50 m hergestellt wird. Hinter der Federstelle wird das Endteil der Zungenschiene zum normalen Schienenprofil umgeschmiedet. Diese *Federzungenvorrichtung (Fzv)* ist in der Herstellung sehr materialaufwendig und teuer. Sie wird heute nicht mehr gebaut, ist aber noch bei Länderweichen und älteren Reichsbahnweichen zu finden.
Federschienenzungen sind Weichenzungen, die aus einem Zungenschienen- und einem Schienenteil bestehen. Die Federstelle wird durch Abfräsen des Schienenfußes auf Kopfbreite auf einer Länge

Federzunge an einer einfachen Weiche auf Stahlbetonschwellen. Bei dieser Konstruktion wird die Federung der Weichenzunge (links) durch Schwächung des Schienenquerschnitts erreicht. Hinter der Federstelle wird das Endteil der Zungenschiene zum normalen Schienenquerschnitt ausgeschmiedet und durch Schweißen (rechts) mit den Zwischenschienen verbunden.

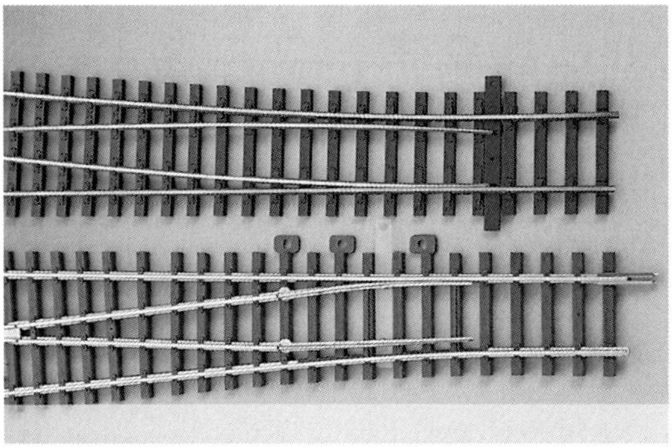

Von der Gelenk- zur Federzunge. Mit dem Erscheinen eines zugkräftigen, motorischen Weichenantriebs aus gleichem Hause brachte Pilz seine Federzungen im Elite-Programm auf den Markt. Wer nach wie vor Gelenkzungen an den Weichen mag, findet im Standardgleisprogramm (unten) eine entsprechende Auswahl.

Federschienenzungen auf der Modellbahn. Mit der Einführung stärkerer Weichenstelleinrichtungen, wie den motorischen Antrieben, begann man auch die Gefahrenstelle »Zungengelenk« zugunsten durchgehender Schienenzungen zu eliminieren. Während Pilz dabei die Federschienen auf 12 mm Länge im Fuß schwächt, vertraut Schuhmacher (Bild) auf die Kraft der Antriebe und führt die Zwischenschiene ungeschwächt bis zur Zunge durch.

von 2,50 m bis 3,00 m hergestellt. Die Federschienenzunge wird mit der Zwischenschiene verschweißt. Diese *Federschienenzungenvorrichtungen (Fschv)* finden bis auf wenige Ausnahmen als Regelbauart für Reichsbahn- und Bundesbahnweichen Verwendung, da sie sich konstruktiv besonders für die Herstellung von Bogenweichen eignen, die Nachteile der Gelenkzungenvorrichtungen vermeiden und die Herstellungs- und Erhaltungskosten wesentlich verringern.

Die Zungenvorrichtungen der meisten Industrie-Modellweichen stellen Nachbildungen von Gelenkzungenvorrichtungen (Gzv) dar. Das ist um so verwunderlicher, da die Entgleisungsgefahr in Modellbahnweichen eben aufgrund kippliger Zungenlager und der engen Zweiggleisradien hinreichend bekannt ist. Andererseits sind Gelenkzungen auch im Modell sehr leicht zu stellen, so daß von den Stellvorrichtungen (Weichenantriebe) nur geringe Kräfte aufgewendet werden müssen, um die Weiche sicher umzustellen. Federschienenzungen an Modellweichen findet man bei den Firmen *Pilz/Tillig* und *Hobby-Ecke Schuhmacher*. Dabei differenziert *Tillig* sinnvollerweise innerhalb der Gleissysteme: Alle TT-Weichen und die H0-Weichen des Standardgleises sind mit Gelenkzungenvorrichtungen ausgerüstet. Die Zungenvorrichtungen der Weichen des *Pilz-Elite*-Gleissystems hingegen

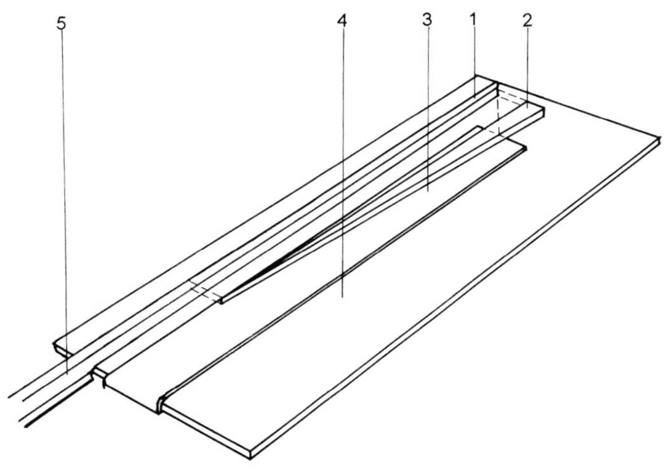

Nachbildung einer Federschienenzunge in H0
1 angeschliffene Zunge ohne Schienenfuß,
2 Aussteifungskeil Ns 0,5 mm,
3 Fußblech Ns 0,3 mm,
4 Grundplatte
5 Schienen-Vollprofil Code 83

a)

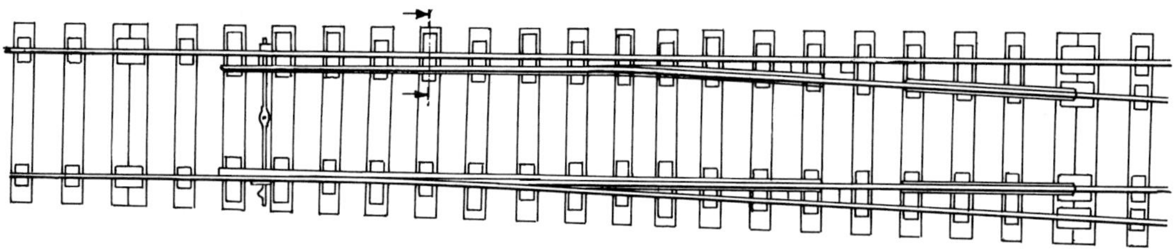

b)

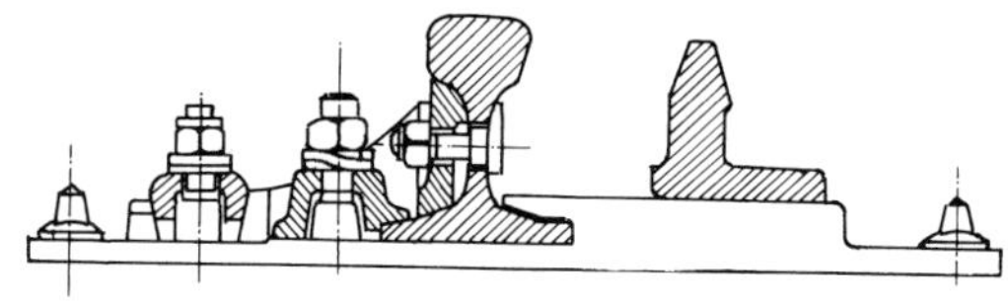

Federschienenzungenvorrichtung einer Weiche EW 49-190-1:n
a) Grundriß
b) Schnitt

sind als Federschienenzungen ausgebildet. Dabei wurde der Schienenfuß im Drehpunktbereich auf einer Länge von 12 mm geschwächt. Die Schienenköpfe der Zungen sind zur Backenschiene hin leicht nach unten gezogen. Dadurch ist ein sicheres Anliegen der Zunge in der jeweiligen Endlage und ein leichtes Anlaufen der Fahrzeugräder gewährleistet. Auch bei den Weichenbausätzen aus dem Hause *Hobby-Ecke Schuhmacher* sind Zwischenschienen und Zungen aus einem Stück. Allerdings sind wegen der geringen Schienenhöhen (zumeist Verwendung von Code-70- und Code-55-Schienen) keine Schwächungen des Schienenfußes vorgesehen.

Natürlich lassen sich Federschienenzungen auch im Modell schwerer umstellen, als in Gelenken geführte Vorrichtungen. Das trifft besonders für die Zungenvorrichtungen der Schuhmacherbausätze (ungeschwächter Schienenfuß) zu. Beide Hersteller weisen in diesem Zusammenhang auf den Umstand der Schwergängigkeit hin und bieten entsprechend starke motorische Weichenantriebe an. Was die Schwellenanordnung im Zungenbereich der Weichen betrifft, so soll hier besonders auf den vorbildlich angeordneten Doppelstoß unter den Zungengelenken der *Roco*-Weichen hingewiesen werden.

3.2.2 Zwischenschienen

Die Zwischenschienen werden im Mittelteil der Weiche als unterschiedlich lange Verbindungsschienen zwischen den Weichengroßteilen angeordnet. Im Mittelteil erfolgt außerdem der Ausgleich der Längenänderungen der Schienenstränge bei Bogenweichen. Die Befestigung der Zwischenschienen gleicht der des normalen Gleises. Zwischenschienen bei Industrie-Modellbahnweichen werden – ähnlich wie beim Vorbild – entsprechend dem Gleissystem als Verbindung zwischen den Zungenvorrichtungen und den Flügelschienen angeordnet. Dabei werden bei einzelnen Herstellern (z.B. *Fleischmann*, *Pilz/Tillig* und *Hobby-Ecke Schuhmacher*) die Zwischenschienen nicht von den Flügelschienen getrennt. Auch die elektrische Zuordnung der Flügelschienen zur jeweiligen Herzstückpolarität ist unterschiedlich. Bei den *Fleischmann*-Weichen werden z.B. die Zwischenschienen mit den benachbarten Backenschienen mittels brünierter Stahlfedern auf der Schwellenoberseite elektrisch verbunden. Wer andere Schaltungsvarianten bevorzugt, kann die Federn leicht entfernen.

Federkontakte zwischen den Backen- und Zwischenschienen einer einfachen Weiche von Fleischmann. Damit wird werksseitig den Zwischenschienen die Polarität der jeweils benachbarten Backenschiene zugeordnet. Wer andere Schaltungen bevorzugt, oder die Spannungsversorgung der Zwischenschienen über Relais betreiben möchte, braucht diese Ferdern nur herauszuklipsen.

Bei *Peco*-Weichen ist die Zwischenschiene extrem kurz, dafür die Flügelschiene ungewöhnlich lang. Beide Schienen sind an den Stoßstellen voneinander isoliert. Unter den Schwellen ist diese Isolierung überbrückt und kann bei Bedarf (andere Schaltung) wieder getrennt werden.

3.2.3 Das Herzstück

Herzstücke dienen zur Stützung und Führung der Radsätze über die vorhandenen Unterbrechungen der Herzstückfahrkanten (Herzstücklücken). Nach der Anzahl der Fahrkantenunterbrechungen unterscheidet man in einfache, zweifache und dreifache Herzstücke.

Das *einfache Herzstück* besteht aus der Herzstückspitze, zwei Flügelschienen und den Befestigungsmitteln.

Das *doppelte Herzstück* einer Kreuzung oder Kreuzungsweiche besteht aus zwei Herzstückspitzen, Knieschiene, Radlenkern und ebenfalls den erforderlichen Befestigungsmitteln. Doppelte Schienenherzstücke werden in Kreuzungen und Kreuzungsweichen mit einer Neigung von 1:9 und steiler eingebaut. Nach spurführungstechnischen Gesichtspunkten teilt man diese Herzstücke außerdem noch in Herzstücke mit und ohne Fahrkantenunterbrechungen ein, wobei letztere grundsätzlich bewegliche Herzstückspitzen haben.

Dreifache Herzstücke kommen nur bei Kreuzungsweichen mit außenliegenden Zungen vor. Sie bestehen aus je einer Haupt- und Leitspitze sowie aus zwei Seitenspitzen. Die Herzstücke sind nicht seitenvertauschbar, so daß in rechte und linke dreifache Herzstücke unterschieden wird.

In die Gruppe der Schienenherzstücke gehören alle verschraubten Herzstücke mit getrennter Haupt- und Beispitze. Dabei liegt die Hauptspitze immer im meistbefahrenen Strang. Das ist häufig das Stammgleis, kann aber auch – je nach Bahnhofs-

Einfaches Herzstück einer Länderweiche, Deutlich ist die Unterteilung in Haupt- und Beispitze zu erkennen, eine Seltenheit für die Länderbahnweichen, die meistens Blockherzstücke hatten. Die Schienenbefestigung (Kleineisen) erfolgte mit offenen Unterlagsplatten, Klemmplatten und Schwellenschrauben – eine Oberbauform, die bei der Reichsbahn die Bezeichnung N 41 hatte.

Doppeltes Herzstück in einer doppelten Kreuzungsweiche (DKW). Da die Zungen im Hintergrund des Bildes noch vor dem einfachen Herzstück an den Backenschienen anliegen, handelt es sich hier eindeutig um eine DKW mit innerhalb des Kreuzungsvierecks liegenden Zungen.

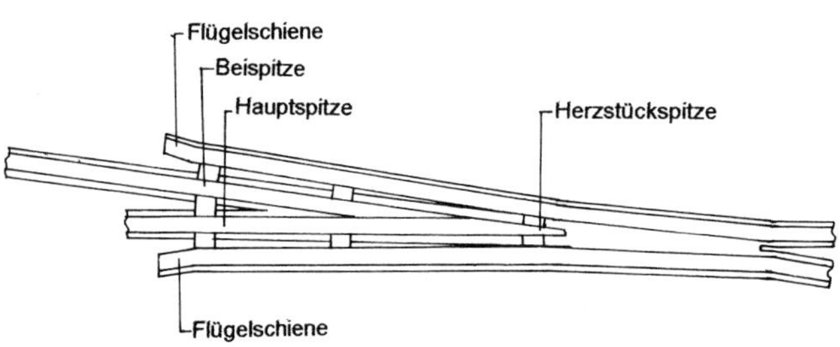

Einfaches Schienenherzstück in VK-Verbindung (hochfest verschraubt oder geklebt)

Kein doppeltes Herzstück sondern die ineinander verschachtelten (einfachen) Herzstückregionen einer Doppelweiche.

geometrie – das Zweiggleis sein. Zwischen den Spitzenschienen und den Flügelschienen sind Futterstücke angeordnet. Die ganze Konstruktion ist miteinander verschraubt und sehr verschleißanfällig. Andererseits lassen sich Schienenherzstücke aus Vollschienen leicht biegen, so daß eine einfache Herstellung von Bogenweichen möglich ist.
Diesen Vorteil haben Blockherzstücke nicht. Ob Teilblockherzstück oder Monoblockherzstück (Vollblock), alle bestehen aus einem hochwertigen Manganstahl und sind im Formgußverfahren hergestellt. Damit wurde zwar ein hoch- und verschleißfestes Weichenbauteil geschaffen, doch die Freizügigkeit beim Biegen in Bogenweichen ist nicht mehr gegeben. Außerdem müssen Blockherzstücke aus Manganstahl mit den anschließenden Schienen lückig verbunden werden, da ein Schweißen zwischen Mangan- und Schienenstahl nicht möglich ist.
Herzstücke mit beweglicher Spitze haben den Vorteil, daß die bei den herkömmlichen Herzstücken vorhandenen Herzstücklücken (Fahrkantenunterbrechungen) entfallen. Die somit durchgehende Fahrkante hat eine bessere Laufruhe der Fahrzeuge und einen geringeren Verschleiß zur Folge. Außerdem können die Radlenker entfallen. Nachteilig wirken sich jedoch die hohen Kosten aus, die für den Stellmechanismus und die zusätzlichen sicherungstechnischen Einrichtungen erforderlich sind.
Die feststehenden Flügelschienen werden von einer beweglichen, zungenartigen Herzstückspitze berührt, die mit der Beispitze zu einem beweglichen, biegesteifen Rahmen ausgebildet wird. Die Anlage der Herzstückspitze je nach Fahrtrichtung an eine der bearbeiteten Flügelschienen ist fest verschlossen und – im Gegensatz zu den Weichenzungenvorrichtungen – nicht auffahrbar. Außerdem ist diese Konstruktion umkehrbar; d. h., daß im Gegensatz zur oben beschriebenen Konstruktion das Herzstück fest ist und die Flügelschienen beweglich sind. Dabei wird wieder bewirkt, daß beim Anliegen der entsprechenden Flügelschiene die Herzstücklücke entfällt. Diese Konstruktion ist aber auffahrbar und deshalb sehr verschleißanfällig, weil bei wiederholtem Auffahren (z.B. bei Rangierfahrten) die Schließvorrichtung schnell erlahmt.

Das Herzstück ist auch an Modellweichen eine der entscheidenden Stellen für das unfallfreie Passieren der Modellfahrzeuge. Führungslose Stellen im Modellgleis sind wesentlich schwieriger zu befahren als beim Vorbild, weil die gefederten Massen fehlen. Dabei hat die Modellbahnindustrie im letzten Jahrzehnt große Fortschritte im Weichenbau gemacht, sowohl hinsichtlich der Funktionstüchtigkeit als auch der Optik. So lassen auch die Herzstückkonstruktionen an den Weichen kaum noch

Block- und Schienenherzstücke im Modell. Während z.B. beim Pilz-Standardgleis (rechts) die Weichenherzstücke mit den Flügelschienen aus einer Zinnlegierung als Block gegossen werden, bestehen die Herzstücke des Peco-Streamline-Gleises aus Einzelschienen. Dabei ist auch die beim Vorbild übliche Unterteilung in Haupt- und Beispitze deutlich zu erkennen.

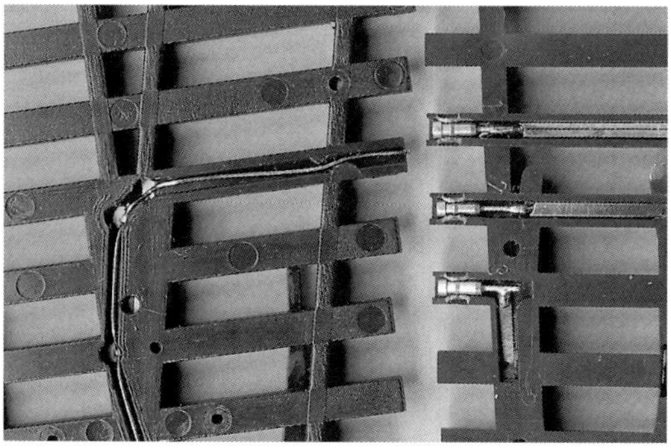

Anschlüsse für die Spannungsversorgung der Herzstücke und der Flügel- und Zwischenschienen. Peco (links) bietet dazu einen in einer ausgehöhlten Schwelle verlaufenden blanken Draht an, Roco (rechts) drei sauber verlegte Anschlußbuchsen. Diese Buchsen sind für die Anschlüsse vom Roco-Weichenantrieb 40295 vorgesehen, können aber auch an jede andere Umschalteinrichtung angeschlossen werden.

Wünsche offen. *Märklin* hat sich beim neuen C-Gleis von seinen massiven Kunststoffherzstücken getrennt und ist zu vorbildgetreueren Schienenherzstücken übergegangen. Besonders elegant wirken die Herzstückkonstruktionen bei den 12°-Weichen von *Peco* und den 11°-Weichen von *Pilz/Tillig*. Sauber unterschiedene Haupt- und Beispitzen, lange Herzstückschienen und enge Führungslücken (*Peco*: 1,25 mm, *Pilz/Tillig*: 1,20 mm) zeichnen diese Erzeugnisse aus. Auch die fehlenden Auflaufflächen für die Spurkränze in den Herzstücklücken tragen sehr zu diesem positiven Eindruck bei.

Anlagenbauer sollen noch auf Vorteile beim elektrotechnischen Anschluß eingebauter Weichen hingewiesen werden. Wer seine Weichen elektrisch von den umliegenden Gleisen trennen und die Herzstückpolarität über Kontakte am Weichenantrieb steuern will, tut sich oft schwer, die elektrischen Anschlüsse (besonders am Herzstück) sauber anzulöten, ohne das unschöne Schmelzstellen an den Weichen zurückbleiben. *Roco* hat dafür verdeckte Anschlüsse (stecken, nicht löten) unter drei Schwellen des Stammgleises angeordnet, über die das Herzstück und die beiden Außenstränge der Weiche mit Spannung versorgt werden können. Ähnliches bietet *Peco* an, wobei für den elektrischen Anschluß des Herzstücks ebenfalls eine Schwelle ausgehöhlt wurde. Weitere Lötanschlüsse an den Außen- und Zwischenschienen werden durch das Fehlen von Plastikstegen zwischen der 14. und 15. Schwelle erleichtert.

Die einzige Firma, die Weichen mit beweglichen Herzstücken herstellt, ist *Fleischmann*. Dabei geht die Konstruktion von ursprünglich 1,20 mm großen Lücken im Herzstückbereich aus. Durch das Anlegen des Herzstücks an die eine oder andere Flügelschiene entstehen Lückenweiten von 2,35 mm, die auch die Verwendung von älteren, nicht NEM-gerechten Radprofilen zuläßt. Die Steuerung des Stellmechanismus (per Hand oder elektrisch) ist mit der der Zungenstellvorrichtung gekoppelt.

3.2.4 Fahrschienen mit Radlenkern

Die Radlenker haben die Aufgabe, die Radsätze der Fahrzeuge sicher über die Herzstücklücken zu führen. Radlenker sind in allen Weichen im Bereich von Herzstücken mit Fahrkantenunterbrechungen angeordnet. Eine Ausnahme bilden die einfachen Herzstücke der S-49-Kreuzungen mit Kreuzungsneigungen von 1:2,460; 1:2,901; 1:3,224 und 1:3,683. Bei diesen steilen Herzstückneigungen wird die Stirnflächenführung über die Herzstücklücke durch das an der Herzstückfahrkante laufende Rad nicht unterbrochen.

Konstruktiv unterscheidet man in

- Radlenker in der Verbundanordnung und in
- Radlenker in getrennter Anordnung.

Bei der *Verbundanordnung* wird der Radlenker unter Verwendung von Futterstücken unmittelbar mit der Fahrschiene verschraubt. Bei doppelten Herz-

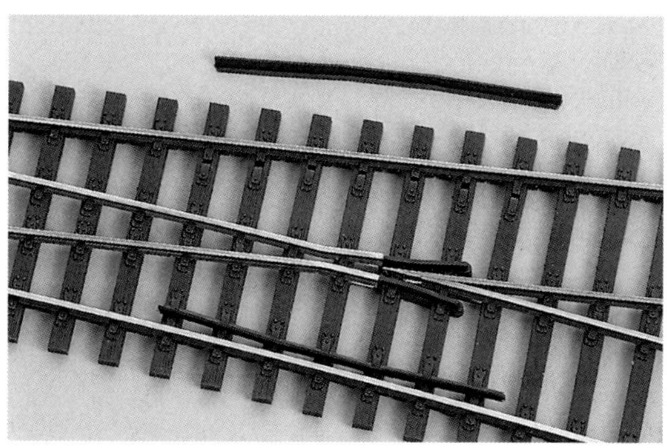

Flexible Radlenker. Bei den neuen 9°-Weichen von Pilz (H0 Elite-Gleis) sind - im Zusammenhang mit den bereits erwähnten Federn im Schwellenrost - die Radlenker abnehmbar gestaltet. Damit stellen sie während des Biegens keine Hindernisse dar und können entsprechend der neuen Weicheform wieder genau gegenüber der Herzstücklücke positioniert werden. Ein Tropfen Kleber sorgt anschließend für festen Sitz.

stücken werden die überhöhten Radlenker mit den Herzstückspitzen und der Knieschiene verschraubt.
Bei der *getrennten Anordnung* wird der Radlenker getrennt von der Fahrschiene auf Stützplatten befestigt. Bei dieser Konstruktion ist Einstellung der Rillenweite regulierbar.
Fleischmann-Weichen mit beweglichem Herzstück besitzen keine Radlenker. Das ist vorbildgetreu, denn wo keine führungslosen Stellen sind, brauchen auch keine Radlenker angeordnet zu werden. Ansonsten sind bei allen anderen Industrieweichen gegenüber dem Herzstück Radlenker angeordnet. Diese sind zumeist aus Kunststoff und fester Bestandteil des Schwellenrostes der Weichenkonstruktion. Die Rillenweite ist somit nicht regulierbar. Für eine erforderlichen Verkleinerung müssen die Radlenker mit Blechen beklebt oder bei gewünschter Vergrößerung abgefeilt werden. Die beim Vorbild geforderte Überhöhung von 45 mm der Radlenker über der Fahrschiene wird allerdings nur bei *Peco*-Weichen (H0: 0,15 mm) annähernd eingehalten.
Dabei ist die Sicherheit der Radrückenführung besonders in steilen Weichen von großer Wichtigkeit. Weil in solchen Weichen, geometrisch bedingt, die Rillenweiten im Herzstückbereich sehr groß sind, können diese nur unbeschadet überwunden werden, wenn das Rad sicher an der durchgehenden Schiene geführt wird. Da sollten ein paar Millimeter Vergrößerung keine Rolle spielen.

3.3

Weichenverschlüsse

Definition: Weichenverschlüsse sind Einrichtungen, die die beweglichen Teile einer Weiche in ihrer Endlage (1. Weichenverschluß), bei längeren Weichenzungen auch in deren Verlauf (2.-5. Weichenverschluß), sichern und ihr Umstellen ermöglichen.

Beweglichen Weichenteile können
- Weichenzungen,
- Herzstücke mit beweglicher Spitze und
- Herzstücke mit beweglichen Flügelschienen sein.

HRS »Heben - Rollen - Senken«, mit diesem Kürzel werden die Bewegungen der Weichenzungen bei modernen Schnellfahrweichen beschrieben. Damit gehört das Gleiten auf den stark eingefetteten Gleitstühlen früherer Weichenkonstruktionen der Vergangenheit an. Heute werden die Zungen in ihrer Endstellung leicht angehoben, gleiten über Rollen in die andere Endstellung und werden dort wieder abgesenkt und verschlossen. Wegen der Länge der Zungenkonstruktionen gibt es diese Antriebe und Verschlüsse gleich mehrmals (hier zweimal).

Die Aufgabe des Weichenverschlusses in der Zungenvorrichtung ist die der Sicherung der Endlage der Weichenzungen. Für die anliegende Zunge betrifft das deren Festhalten an der Backenschiene und bei der abliegenden Zunge gilt es, deren Abstand von der Backenschiene zu sichern. Dabei muß der Weichenverschluß so konstruiert sein, daß er »auffahrbar«, d. h. von der Herzstückseite aus befahren werden kann, ohne daß Fahrzeuge entgleisen. Bei diesem Auffahrvorgang drückt der Spurkranz des ersten Radsatzes die abliegende Weichenzunge in Richtung Backenschiene, wobei die Verriegelung der anliegenden Zunge gelöst wird. Im weiteren Verlauf der Fahrzeugbewegung wird die abliegende Zunge ganz an die Backenschiene gedrückt, während sich die vorher anliegende Zunge von der Backenschiene entfernt.
Zwei Arten von Weichenverschlüssen werden unterschieden:
- der Hakenverschluß und
- der Klammerverschluß.

Der *Hakenverschluß* ist die ältere und robustere Konstruktion von beiden. Er wurde besonders bei den preußisch-hessischen und den sächsischen Länderweichen verwendet. Die prinzipielle Wirkungsweise dieses Weichenverschlusses besteht in einem waagerecht liegenden Haken, der sich am Ende der Zungenverbindungsstange befindet, die die Weichenzungen bewegt. Dieser, durch einen Winkelhebel angelenkte Haken ist so lange geöffnet, wie sich die dazugehörige Zunge bewegt. Liegt sie schließlich an der Backenschiene an, schiebt die Zungenverbindungsstange noch so lange weiter, bis sich der Haken vollständig um ein Verschlußstück gelegt hat und so die anliegende Zunge verriegelt. Bei der gegenläufigen Bewegung (Ziehen der Zungenverbindungsstange) öffnet sich erst der Haken (unmittelbarer Kraftangriff über die Winkelanlenkung), bevor die Zunge von der Backenschiene abgezogen wird. Gleiches, nur in umgekehrter Reihenfolge, geschieht an der gegenüberliegenden Zunge.

Der *Klammerverschluß* ist der modernere und gilt als Einheits-Weichenverschluß für alle Reichsbahnweichen. Hier sind es Y-förmige Verschlußklammern, die von einer Schieberstange – die gleichzeitig die Zungenverbindungsstange darstellt – bewegt werden. Der prinzipielle Aufbau beruht nun auf der Tatsache, daß Schieberstange und Verschlußklammer gemeinsam durch eine Öffnung an der Backenschiene (Verschlußstück) gehen, solange der eine Arm der Verschlußklammer in einer schwalbenschwanzförmigen Ausnehmung der Schieberstange ruht. Ist jedoch eine Endstellung erreicht, wird die Verschlußklammer durch den Weiterlauf der Schieberstange aus der Ausnehmung gespreizt und verschließt somit die anliegende Weichenzunge.

Außer den hier geschilderten mechanischen Verschlüssen, die gleichzeitig mit dem Umstellvorgang betätigt werden, gibt es noch *Handverschlüsse*. Das sind tragbare Schlösser, die entweder mittels einer Klammer die anliegende Zunge an der Backenschiene festhalten oder durch einen Distanzstift die abliegende Zunge auf Abstand halten. Beide Vorrichtungen sind nicht auffahrbar und werden vorwiegend in Baugleisen, bei Sonderzuständen oder in absolut untergeordneten Gleisen eingesetzt. Der Schlüssel läßt sich nach dem Sicherungsvorgang abziehen und wird unter Verschluß aufbewahrt (Fahrdienstleiter) oder für weitere, abhängige Schließvorgänge (Schlüsselwerk) weiterverwendet.

Weichenverschlüsse sind bei industriellen Modellbahnweichen unbekannt. Auch die Teile, die solche

Klammerspitzenverschluß im verriegelten Zustand. Deutlich ist die Verschlußklammer zu erkennen, die mit ihrem schwalbenschwanzförmigen Kopf das freizügige Verschieben der anliegenden Zunge (hier bei einer Kreuzungsweiche) verhindert. Wird die Schubstange durch den Antrieb verschoben, kann der Klammerkopf in die Ausnehmung der Stange eingreifen und die Verriegelung ist aufgehoben.

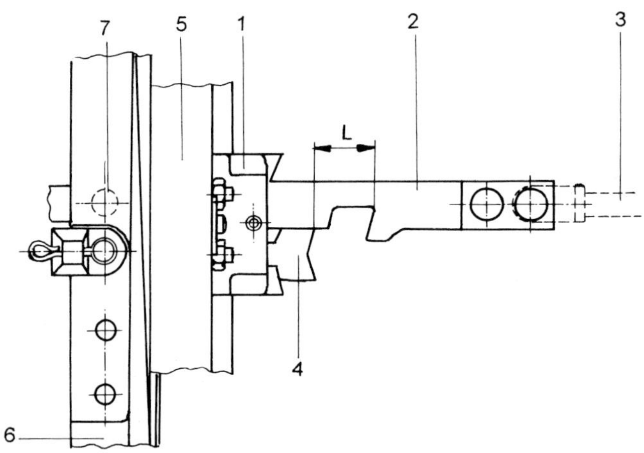

Einzelheiten des Klammerspitzenverschlusses 1 Verschlußstück, 2 Schieberstange, 3 Bockstange, 4 Verschlußklammer, 5 Backenschiene, 6 Weichenzunge, 7 Anschlagbolzen (innen), L Verschlußweg

Peco-Streamline-Weiche mit Mittelverschluß. Dieser Mittelverschluß dient dem sicheren, federnden Anliegen der Weichenzunge. Nach Überwindung eines spürbaren Widerstands beim Umschalten springen die Zungen in ihre Endlage, wo die anliegende Zunge federnd an die Backenschiene gepreßt wird. Solche Mittelverschlüsse sind in Deutschland selten, in England jedoch weit verbreitet.

Verschlüsse darstellen, werden im Weichenkanal oder unter den Backenschienen nicht angedeutet. Lediglich *Peco* hat an seinen Weichen Verschlüsse angebracht, die die Zungen in der Endlage federnd verriegeln. Diese sind sogar auffahrbar, wobei ein Mindest-Fahrzeuggewicht von 240 g nötig ist. Dann aber verbleibt die Weiche – genau wie beim Vorbild – in der nunmehr umgelegten Stellung. Aus heutiger Sicht mag diese Vorrichtung etwas fremd erscheinen, doch hat es solche Weichenverschlüsse, die am Weichenanfang auf einer Schwelle montiert waren (sog. »Spitzenverschlüsse mit innerer Abstützung«) tatsächlich gegeben. Das sind im einzelnen die Spitzenverschlüsse Bauart Schnabel und Henning, Bauart Jüdel und Bauart Vögele. Letzterer wurde auch in England, dem Mutterland der Firma *Peco*, eingebaut und ist nun an den *Peco*-Weichen wiederzufinden. Ein sauber nachgebildetes und gut funktionierendes Detail, das zwar etwas kräftigere Antriebe braucht, aber wegen seiner zuverlässigen Endlagensicherung der Weichenzungen besonders erwähnt werden muß. Bei der Nachbildung dieses Weichenverschlusses verwendet *Peco* auch eine vorbildgetreue Stangenkonstruktion zwischen den Zungen. Bei allen anderen Herstellern werden die Zungen mittels Stellschwellen oder anderer Konstruktionen als oder in einer Schwelle angelenkt. Die Sicherung der Zungenstellungen liegt – außer bei den beschriebenen Erzeugnissen von *Peco* – grundsätzlich im Weichenantrieb und ist von dessen Konstruktion abhängig.

3.4

Weichenstellvorrichtungen

Definition: Weichenstellvorrichtungen sind Einrichtungen, die über den Weichenverschluß das Umstellen der beweglichen Fahrbahnteile der Weiche bewirken.

Das Umstellen der Weichen kann entweder fern- oder ortsbedient erfolgen. Fernbediente Weichen werden von einer Zentraleinheit (Stellwerk) über größere Entfernungen (bis zu 500 m) gestellt. Um diese großen Entfernungen sicher überwinden zu können, werden mechanische oder elektrische Einrichtungen zum Umstellen verwendet.
Die *mechanischen Stellvorrichtungen* haben stets die menschliche Kraft am Stellhebel als Ausgangsenergie. Diese wird bis zur Weichenstellvorrichtung durch Gestänge oder Drahtzüge weitergeleitet.
Dabei sind die *Gestängeantriebe* die ältesten Antriebsformen und heute nicht mehr vorzufinden. Sie waren sehr schwerfällig und wurden wegen ihrer großen Massen, die zu bewegen waren, schon bald wieder abgeschafft. Die Kraftübertragung geschah über 5 m lange Eisenrohre mit 42 mm Außendurchmesser, die durch Muffen miteinander verbunden waren. Winkel- und Ausgleichhebel waren die Umlenkelemente.
Drahtzugleitungen waren besonders bei den Länderbahnen und der Deutschen Reichsbahn bis zum Ende des II. Weltkriegs sehr verbreitet. Auch danach waren sie noch lange im Einsatz, bis sie in den 70er Jahren großflächig durch elektrische Antriebe abgelöst wurden. Beim doppelten Drahtzug wird jeder der beiden Drähte mit einem Ende an der Seilrolle des Hebels (z.B. im Stellwerk) und mit dem anderen Ende an der Seilrolle des Antriebs befestigt. Auf diese Weise wird für beide Drehrichtungen eine Verbindung zwischen Hebel und Antrieb hergestellt. Um Längenänderungen und Leitungsbrüche unwirksam werden zu lassen, werden Spannwerke zwischengeschaltet, die die Drahtzüge ständig spannen und bei Seilbrüchen dafür sorgen, daß die Weiche in eine Endstellung läuft und hier verriegelt wird. Diese Spannwerke liegen zu-

Druckrollengestell. Bei Ablenkung der Drahtzugleitungen um mehr als 5° dürfen keine Führungsrollen mehr eingebaut werden (Gefahr von Führungsschäden). Die dazu eingebauten Druckrollen können die Leitungen in Winkeln bis zu 30° ablenken. Für alle darüber liegenden Ablenkwinkel werden Ablenkrollen verwendet, die ähnlich aufgebaut sind wie die Druckrollen, jedoch wesentlich größere Kräfte aufnehmen können. Bemerkenswert im Bild ist der Regenschutz über den Rollenpaaren.

nächst im sog. »Spannraum« des Stellwerks und bestehen in der Hauptsache aus Gewichten (Beton oder Stahl) sowie Seilrollen.
Müssen Weichen in großer Entfernung vom Stellwerk umgestellt werden, werden weitere »Freispannwerke« errichtet, die ein Nachspannen der Drahtzüge (infolge Temperaturänderungen und Materialausdehnungen) ermöglichen. Die am meisten verbreiteten Formen der Freispannwerke sind die Hebelspannwerke (preußisch) und die Säulenspannwerke (sächsisch). Bei Drahtbruch sorgt eine selbständige Sperrvorrichtung dafür, daß das Spanngewicht nicht abstürzt und die Weiche in eine sicher Endlage bewegt wird.

Weichen, die in Fahrstraßen liegen, müssen außer der zuverlässigen Bewegung in eine Endlage noch verriegelt werden, damit sie während des Bestehens der eingestellten Fahrstraße (Zugfahrt) nicht umgestellt werden können. Diese Riegel sind kreisrunde Seilscheiben, die mittels einer Kulissenführung und Riegelstangen die Sperrung der Weichenstellvorrichtung sichern. Zu einer solchen Weiche führen vom Stellwerk also vier sichtbare Drahtzugleitungen. Auf ihrem Weg dorthin werden sie durch Führungsrollen, die an stählernen Ständern befestigt sind, gestützt und durch Umlenkrollen geführt. Das geschieht für gewöhnlich oberirdisch. Bei Überwegen, Kreuzungen mit anderen Gleisen o.ä. werden die Drahtzüge in unterirdischen Blechkanälen geführt. Die horizontal liegenden Umlenkrollen und die Seilscheiben der Weichenantriebe und Riegelscheiben ruhen in Blech-

Preußisches Spannwerk. Im Bahnhof Krüden an der Strecke Salzwedel - Geestgottberg steht dieses Drahtzugspannwerk preußischer Bauart. So wie hier wurden die Spannwerke häufig zum Nachspannen der Drahtzugleitungen für besonders weit außerhalb des Bahnhofs stehende Einfahrsignale aufgestellt, während für das Spannen der Weichenstellvorrichtungen im Bahnhofsbereich in der Regel die im Stellwerk eingebauten Spannvorrichtungen ausreichten.

kästen, die mit Platten aus Riffel- oder Warzenblech abgedeckt sind.
Schließlich gab es auch Weichenantriebe, die Preßluft als Antriebskraft (Pneumatik) verwendeten. Solche Antriebe waren selten und auch nur in Werksanschlüssen von Sprengstoffwerken und Tanklagern vorzufinden, in denen Funkenbildung jeder Art ausgeschlossen werden mußte und Preßluft in großen Mengen hergestellt werden konnte.
Mit der Entwicklung leistungsfähiger elektrischer Weichenantriebe wurden die mechanischen Antriebe abgelöst. Auch diese Antriebe werden in Kästen aus Stahlblech untergebracht und mit Riffelblechen abgedeckt. Äußeres Kennzeichen von elektrischen Weichenantrieben sind die Kabelanschlüsse, die in Kanälen bis zu den Antriebskästen geführt werden.
An der Weiche selbst stellt bei mechanisch oder elektrisch fernbedienten Weichen die Fernstellstange die Verbindung zwischen dem Weichenantrieb und dem Weichenverschluß her. Diese Fernstellstange kann am Ende der Schieberstange (links oder rechts, je nach Lage des Weichenantriebs) oder in ihrer Mitte befestigt werden.
Die *ortsbediente Weiche* wird durch Umlegen des Gewichts am Gewichtshebel gestellt. Dabei wird die Kraft des Gewichts über Zugstangenhebel und eine Bockstange auf die Zungenstellvorrichtung übertragen. Damit das Gewicht den Weichenverschluß nicht ständig belastet, wird die Bewegung des Zugstangenhebels durch eine Hubbegrenzung beschränkt. Die äußerliche Erkennbarkeit der Weichenstellung muß lt. Fahrdienstvorschriften am Gewicht sichtbar sein, und so weist die schwarz gestrichene Hälfte des Umstellgewichts bei der Weichengrundstellung zur Erde.

Auf Modellbahnanlagen werden die überwiegende Anzahl der Weichen elektrisch fernbedient. Die Industrie stellt zwar auch handbediente Weichen her, doch findet man diese eher auf Einsteigeranlagen oder temporären Gleiskreisen ohne festen Unterbau als auf fest installierten Anlagen. Von den frühen Weichen-Antriebstechniken wird höchstens die mit Hilfe von Drahtzügen nachgebildet, alle anderen Formen sind auf Modellbahnanlagen kaum anzutreffen.
Der Antrieb von Modellweichen mittels Drahtzügen, so wie er beim Vorbild erfolgt, ist kinematisch nicht möglich. Also heißt es, zu imitieren. Materialien dafür bieten nur wenige Kleinserienhersteller

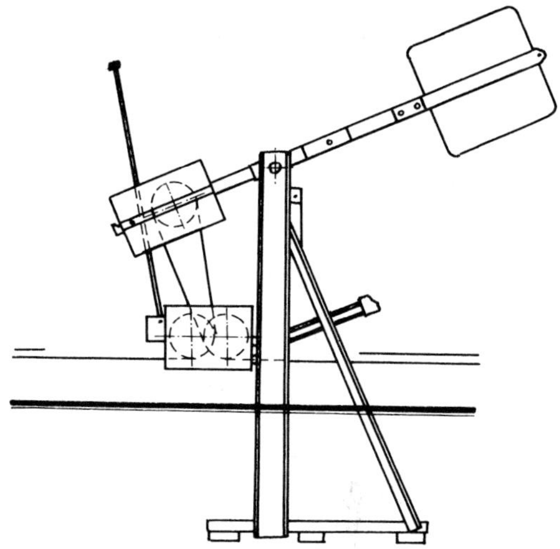

Spannwerk preußischer Bauart für drahtzugbediente Weichen und Gleissperren. Da eine einzelne Spannvorrichtung nur eine Drahtzugleitung spannt, wurden die Vorrichtungen häufig paarweise angeordnet.

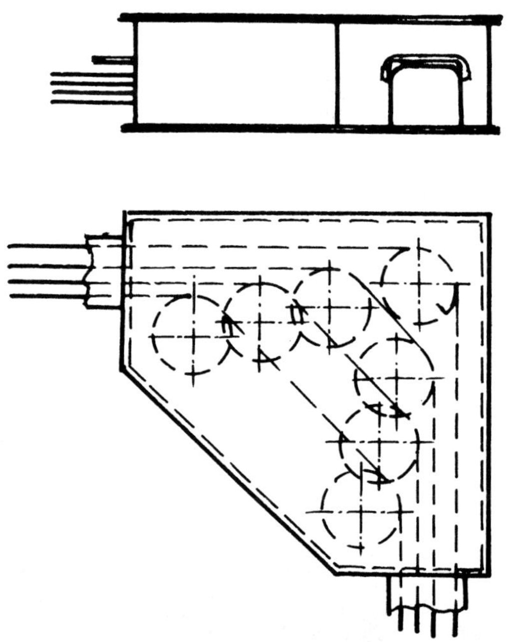

Umlenkrollenkasten für vier Drahtzugleitungen. Diese Kästen wurden ebenerdig aufgestellt. Das Einleiten der Drahtzüge erfolgte über Freirollen.

Kanäle für Drahtzuganlagen auf einem größeren Bahnhof. Wegen der Unfallgefahr für die Rangierer wurden alle Drahtzüge zu den Weichen und Signalen auf dem Bahnhof unterirdisch, d. h. in Blechkanälen verlegt. So endet der obere Blechkanal an der Weichenstellvorrichtung. Von diesem zweigt noch einmal ein Kanal zu einer Verriegelungseinrichtung zwischen 6. und 7. Weiche ab. Der untere Blechkanal (zwei Drahtzüge) läuft an der Signaleinrichtung vorbei zu einer weiteren Weiche.

an. Am bekanntesten sind die Bauteile von *Weinert*. Rollenhalter verschiedener Ausführungen, Blechkanäle und Rollenkästen sowie Spannwerke preußischer Bauart werden hier in feiner Zinn- oder Messinggußausführung angeboten. Sogar ein hauchdünner Faden, mit dem die Drahtzüge imitiert werden können, ist bei *Weinert* zu haben. Ähnliches Zubehör zur Nachbildung von Drahtzuganlagen und handbedienten Weichen findet man bei *NMW-Modellbau* und bei *Repa*. Bei *Auhagen* sind neben den preußischen Spannwerken mit Doppelhebel auch sächsische Gestell-Spannwerke im Angebot.

Die meisten Hersteller in der Branche bieten ihre Weichen häufig mit und ohne elektrischen Antrieb an. Dabei ist dieser oft als Oberflurantrieb ausgebildet. Obwohl die Verkleidungen der Antriebe und der Stellmechanismen aus riffelblechnachbildenden Kunststoffkörpern bestehen, sind sie meistens nicht vorbildgetreu. Firmen, die ihre Antriebe in den Bettungskörpern der Weichen unterbringen (z.B. *Roco*, *Märklin*-C-Gleis), bieten andererseits jedoch kaum oberirdisch angeordnete Antriebsnachbildungen an. Dort, wo unterflurige Antriebe vorausgesetzt werden (Montage unter der Platte z.B. bei *Roco*, *Tillig*, *Peco* u.a.), ist man gut beraten, die beim Vorbild sichtbaren Drahtzugleitungen oder Kabelkanäle im Modell nachzubilden.

3.5

Schmalspurweichen

Definition: Als Schmalspurweichen bezeichnet man alle Weichenkonstruktionen, die unter einer nominalen Spurweite von 1435 mm liegen.

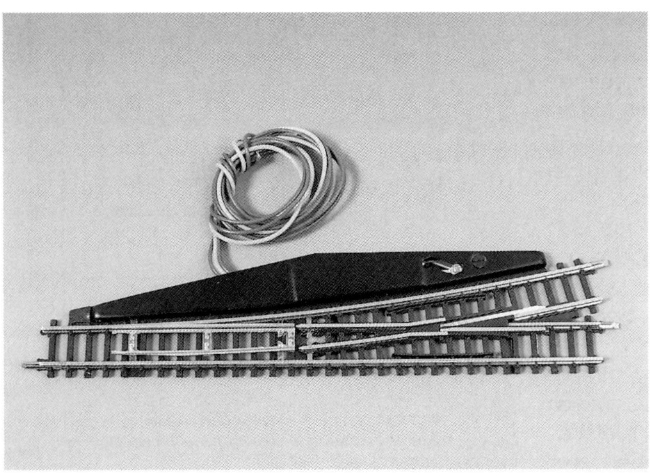

Einfache Märklin-Weiche in der Nenngröße Z mit elektrischem Oberflurantrieb. Trotz der extrem kleinen Spurweite von 6,5 mm (Maßstab 1:220) ist die Funktionsfähigkeit voll gewährleistet (Zungen sind u. a. zu einer Brücke vereinigt, Herzstückrille ist leitend mit Metallstreifen ausgelegt). Herzstückwinkel 13°, Zweiggleishalbmesser 490 mm. Der Antrieb ist sehr niedrig (Oberkante etwa in Höhe SO), so daß er auf der Anlage gut kaschiert werden kann.

In Deutschland trifft das für Weichen in den Schmalspurstrecken mit 1000 mm Spurweite (z. B. Harzer Schmalspurbahnen), 900 mm Spurweite (Mecklenburgische Bäderbahn Molli) und 750 mm Spurweite zu, die bei den wenigen, noch in Deutschland betriebenen Schmalspurbahnen vorherrscht.

Für die Konstruktion und den Bau von Schmalspurweichen gelten prinzipiell die gleichen Prämissen, wie sie für Regelspurweichen bereits genannt wurden. Als Zweiggleishalbmesser werden verwendet:

- für einfache Weichen einheitlich für alle Spurweiten R_0 = 100m,
- für doppelte Kreuzungsweichen der 1000-mm-Spur R_0 = 85m,
- für doppelte Kreuzungsweichen der 750-mm-Spur R_0 = 60m.

Im Gegensatz zu den Regelspurweichen, bei denen sich der Zweiggleishalbmesser auf die Gleisachse bezog, gilt bei Schmalspurweichen der Halbmesser der bogenäußeren Schiene. Wegen der engen Halbmesser und der großen Fahrzeugmassen werden Schmalspurweichen zur Minderung der Fliehkräfte mit Überhöhungen im äußeren Schienenstrang eingebaut. Die Weichenneigung beträgt für alle Schmalspurweichen einheitlich 1:7 (etwa 8°). Die Rillenweiten betragen w = 36 mm in den doppelten Herzstücken und w = 33 mm bei den Radlenkern. Einfache Weichen können auch als Bogenweichen ausgebildet werden. Kreuzungsweichen besitzen innenliegende Zungen.

Die Konstruktionen der Schmalspurweichen bestehen aus der Schienenform S 49 bei einfachen Weichen und S 33 bei Kreuzungsweichen. Als Zungenbauarten kommen für einfache Weichen sowohl Gelenk- als auch Federschienenzungen, für Kreuzungsweichen nur Gelenkzungen zur Anwendung. Die Schwellen bestehen aus Holz oder Stahl, die Weichenverschlüsse sind als Klammerverschlüsse ausgebildet und das Kleineisen entspricht dem der Oberbauform K. Die Weichen besitzen keine Zwischenschienen. Das Weichenendteil schließt unmittelbar an die Zungenvorrichtung an. Für die Spurweiten s = 1000 mm und s = 750 mm werden doppelte Kreuzungsweichen mit gleichen einfachen Herzstücken hergestellt.

An den Berührungsstellen von Schmalspurgleisen mit der Regelspur sind gemischtspurige Weichen oder Kreuzungen erforderlich.

Bei der Modellbahn werden Schmalspurprodukte mit den Kürzeln m für die 1000 mm-Spur und e für die 750 mm-Spur zur Nenngrößenangabe versehen. Schmalspurweichen für die Nenngrößen H0m und H0e werden z.B. von *Bemo*, für die Nenngröße H0e von *Pilz/Tillig* sowie von *technomodell* angeboten. Erstere Firma hat für ihr umfangreiches schweizerisches Bahnprogramm sogar doppelte Kreuzungsweichen und doppelte Gleisverbindungen (zwei Gleissysteme: Modell- und Supergleis) im Angebot. *Pilz/Tillig* produziert Gleiswechsel und Abzweige für H0/H0m und H0/H0e, die für den passionierten Schmalspur-Modellisten unverzichtbar sind. Außerdem findet man H0e-Weichen (nur EW) bei *Roco* (Schmalspur- und Feldbahnprogramm) und *Peco*.

Neben den oben genannten industriellen Anbietern gibt es noch Kleinserienhersteller, deren Erzeugnisse meistens als Bausätze angeboten werden. Das umfangreichste Angebot in den Nenngrößen H0m und H0e hat *Hobby-Ecke Schuhmacher*. Hier werden nicht nur vorbildgetreue Schmalspurweichen mit unterschiedlich hohen Schienen (Code 55, Code 70 und Code 83) angeboten, sondern auch Zweispurweichen, die eine Verknüpfung von Regel- und Schmalspur auch im Modell zulassen. Ebenfalls besonders erwähnenswert sind die Schmalspurweichen von *Gabor* in der Nenngröße Nm. Bei nur 6,5 mm Spurweite haben die Weichen (auch DKW!) Herzstückwinkel von 9° und Zweiggleisradien von 500 mm.

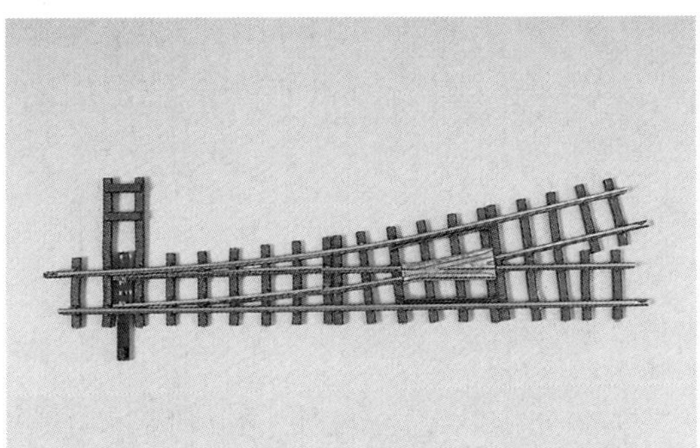

Schmalspurweiche für die Nenngröße H0e. Diese Weiche von Bemo hat ein gerades Metallherzstück mit 12° Neigung und 2 mm (Code 79) hohe rotbraun gefärbte Neusilberschienen. Der Zweiggleishalbmesser liegt bei 500 mm (keine Angaben). Das am Weichenanfang dargestellte Schwellenkreuz eignet sich gut zum Montieren von vorbildgetreuen Umstellvorrichtungen oder deren Imitation.

3.6

Weichensignale

Definition: Weichensignale zeigen den eingestellten Fahrweg der Weiche an. Sie sind bei Dunkelheit beleuchtet (wenn und solange es der Betrieb erfordert) oder rückstrahlend.

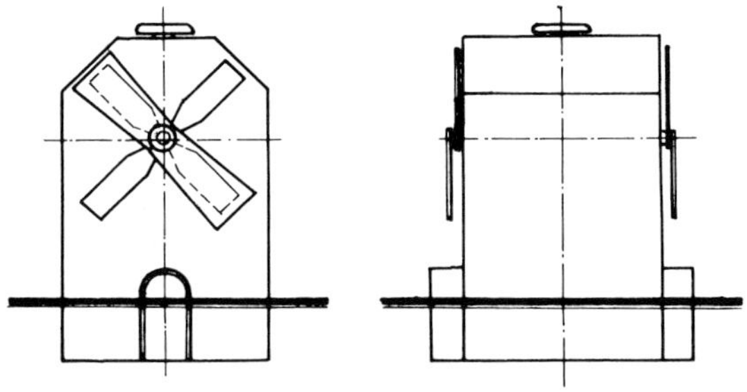

Weichenlaterne für doppelte Kreuzungsweiche. Alle vier Signalschlitze sind offen. Durch drehbare Blenden werden je zwei Schlitze abgedeckt. Im Bild: Diagonalfahrt von links nach rechts.

Alle Weichen erhalten ein Weichensignal mit Ausnahme der Weichen, die

- in Hauptgleisen liegen und signalabhängig sind,
- im regelmäßigen Betrieb nicht zum Rangieren benutzt werden,
- in der Regel verschlossen gehalten werden,
- durch Rangierfahrstraßen mit ortsfesten Rangiersignalen gesichert sind oder
- in wenig genutzten Aufstell-, Hallen-, Freiladeund sonstigen Nebengleisen liegen.

Die Weichensignale einfacher (fern- und ortsbedienter) Weichen werden auf einem Weichenbock befestigt. Sie stehen in der Nähe des Weichenanfangs neben dem Weichenverschluß. Bei fernbedienten Weichen mit elektrischer Beleuchtung wird der Weichenbock zur Vermeidung vorzeitiger Zerstörung der Glühlampen durch Erschütterung nicht auf Trageisen, sondern auf einem besonderen Erdfuß befestigt.

Die Weichensignale von Kreuzungsweichen besitzen einen Signalständer und stehen neben der Weichenmitte. Auf die Milchglasscheiben der Weichensignale sollen die Weichennummern in schwarzer Farbe (Ziffernhöhe 70 mm) geschrieben werden.

Vorbildgetreu nachgebildete Weichensignale sind bei Industrieweichen nicht anzutreffen. Das liegt in erster Linie an der Feinheit einer solchen Konstruktion und der Gefahr der Beschädigung. Einige Hersteller bieten deshalb beleuchtete Weichenlaternen, die meistens maßstäblich leicht vergrößert sind, als Nachrüstsätze an. So u.a. *Roco* mit deutschen und österreichischen Signalnachbildungen und *Märklin* mit einem Weichenlaternensatz für je eine Rechts- und Linksweiche.

Wer allerdings auf große Vorbildtreue Wert legt, kommt um den Selbstbau von Weichenlaternen nicht herum. Grundlage können dafür die feingeätzten Bausätze von *NMW*, *Repa* oder *Weinert* sein.

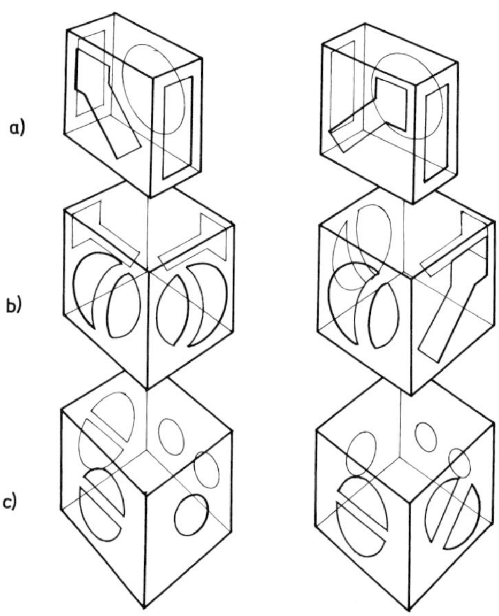

Weichensignale
a) für einfache Weichen nach Signalbuch: Wn 1 (Rechteck), Wn 2a (Pfeil), Wn 2b (Kreis)
b) für Bogenweichen nach Signalbuch: Wn 2a (Pfeil), Wn 2c (Sichel)
c) für Gleissperren nach Signalbuch: Gsp 0 (Balken waagerecht), Gsp 2 (Balken senkrecht)

Beim flüchtigem Hinsehen ein Motiv, daß man auf jedem Bahnhof entdecken kann. Doch für den Modellbauer ist das Bild voller Anregungen: Der elektrische Weichenantrieb unter dem graugestrichenen Kasten mit Riffelblechabdeckung, der seitliche Kabelanschluß, das Weichensignal mit Stellbock, der mit Betonplatten abgedeckte Kabelkanal, die auf einem Gestell befindlichen knallgelb gestrichenen Schaltkästen und schließlich das Grenzzeichen So 12 in der oberen linken Bildecke.

Umstellvorrichtung und Signallaterne einer handbedienten Weiche. Das Gewicht an dem etwa 800 mm langen Hebelarm sorgt für das zuverlässige Anliegen der jeweiligen Zunge. Das Signal im Bild zeigt Wn 1 »Gerader Zweig«, und weil das Befahren des Stammgleises auch meist die Grundstellung der Weiche ist, ist die untere Hälfte des Gewichts schwarz gekennzeichnet.

Auch die zu diesem Handstellgewicht gehörende Weiche befindet sich in der Grundstellung, wie die Lage des Gewichts (schwarze Hälfte zeigt zum Boden) erkennen läßt. Jedoch gehört diese Stellvorrichtung nicht zu einer einfachen sondern zu einer doppelten Kreuzungsweiche (DKW). Dort werden nämlich die Zungenpaare mit a/b auf der einen und mit c/d auf der anderen Seite ÿezeichnet. Im Bild handelt es sich also um die Stellvorrichtung für das Zungenpaar c/d der Weiche Nr. 19, das sich in Grundstellung (vermutlich gerade Kreuzungsdurchfahrt) befindet

»Halt! Fahrverbot!« So signalisiert Gsp 0 an der Gleissperre III. Der auf dem Bild ebenfalls erkennbare weiße Punkt (Nachtsignal: mattweißes Sternlicht) ist die Rückseite des Signals Gsp 2 »Gleissperre ist abgelegt«.

3.7

Sonderweichen

Definition: Als Sonderweichen bezeichnet die Bahn Weichen, deren geometrischer und konstruktiver Aufbau von den bisher behandelten Weichen abweicht.

Sie sind notwendig, wenn die gleistechnischen Forderungen nicht durch einfache Weichen, Kreuzungen und Kreuzungsweichen zu erfüllen sind. Das können sein:

- Anschluß mehrerer Gleise an ein Zuführungsgleis auf kurzer Entwicklungslänge,
- Vereinigung mehrerer Spurweiten in einer Weiche,
- vorübergehende Einengung des Querschnitts einer zweigleisigen oder mehrgleisigen Strecke.

Sonderweichen können sein:
- Mehrwegeweichen,
- gemischtspurige Weichen,
- Entgleisungsvorrichtungen,
- Gleisverschlingungen,
- Weichenverschlingungen,
- Schleppweichen und
- Rückfallweichen.

Mehrwegeweichen sind für extrem kurze Entwicklungslängen gedacht und haben steile Weichenneigungen und kleine Zweiggleisradien. Sie finden als Verteilerweichen in Rangierbahnhöfen und beim Übergang vom Land zum Schiff in Fähranlagen Anwendung.

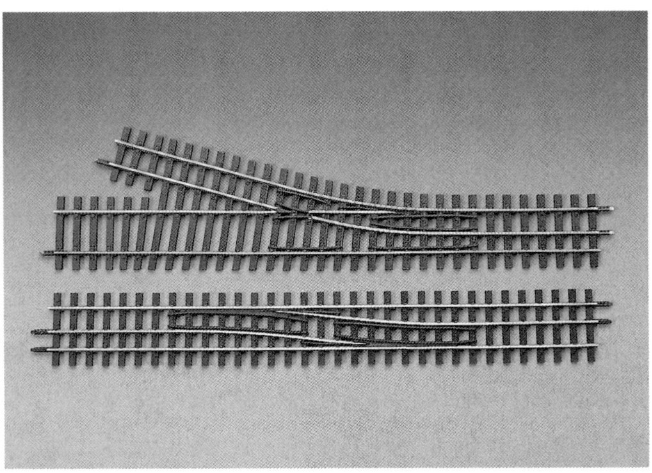

Gleisabzweige und Gleiswechsel (rechts und links) in den Nenngrößenkombinationen H0/H0m und H0/H0e hat Pilz im Angebot. Außerdem findet man hier auch Schmalspurweichen im Dreischienengleis in gleichen Kombinationen.

Augenschmaus für den Gleisbauexperten. Symmetrische Weichen in mehrspurigen Gleissystemen sind relativ selten. Umso erfreulicher ist der Anblick einer gut gebauten Abzweigung sowohl im Regelspur- als auch im Schmalspurgleis (1000 mm Spurweite). Bemerkenswert sind die langgezogenen, über beide Herzstückbereiche verlaufende Radlenker im Regelspur- und Schmalspurgleis. Da nur eine Signaleinrichtung zu sehen ist, liegt die Vermutung nahe, daß auch nur eine Stellvorrichtung eingebaut wurde. Das würde bedeuten, daß stets beide Zungenvorrichtungen (Regel- und Schmalspur) gleichzeitig umgestellt werden, geradeaus (Bild) oder abzweigend.

Gemischtspurige Weichen sind Oberbaukonstruktionen, die einen Übergang von Schmalspurfahrzeugen auf die Regelspur und umgekehrt zulassen, ohne daß die Fahrzeuge umgeladen werden oder ihre Fahrt unterbrechen müssen.

Die *Entgleisungsvorrichtung* ist mit einer stellbaren halben Zungenvorrichtung ausgestattet, mittels derer Fahrzeuge in Nebengleisen zum Schutz der benachbarten Hauptgleise (Flankenschutz) zur Entgleisung gebracht werden können.

Eine *Gleisverschlingung* entsteht, wenn zwei parallele Gleise auf den durchgehenden Schwellen so angeordnet werden, daß der Gleisabstand zwischen den parallelen Gleisen kleiner wird als die Spurweite. Solche Gleisverschlingungen werden häufig auf Baustellen eingerichtet. Der Übergang von Fahrzeugen von einem Gleis in das andere ist hier nicht möglich.

Eine *Weichenverschlingung* entsteht durch die konstruktive Veränderung einer doppelten Kreuzungsweiche. Neben den beiden befahrbaren Verbindungsgleisen ist zusätzlich nur noch eines der beiden geraden Kreuzungsgleise befahrbar.

Schleppweichen gibt es seit den Anfangszeiten der Eisenbahn. Wegen der komplizierten Herstellung der Zungenvorrichtungen, »schleppte« man früher das Anschlußgleis mittels einer Kette an die jeweilig zu befahrende Backen- oder Zwischenschiene der einfachen Weiche heran. Solche Konstruktionen findet man heute nur noch bei Feldbahnen (Spurweite S<750mm) und im militärischen (Behelfs-) Gleisbau.

Zungenlose Weichen werden z.B. an Ausweichstationen von Bergbahnen eingebaut, die durch Seilantriebe (Standseilbahnen) oder Zahnräder (Zahnradbahnen) bewegt werden. Das Besondere an diesen Weichen – die nach ihrem Konstrukteur auch als »Weichen der Bauart Abt« bezeichnet werden – ist, daß sie von den Fahrzeugen immer nur in einer Richtung befahren werden. Die auf der durchgehenden Ausweichschiene rollenden Räder besitzen zwei Spurkränze. Somit kann das ge-

Die Weichenverschlingung gehört zu den Sonderkonstruktionen. Im prinzipiellen Aufbau entsteht eine solche Konstruktion durch das Ineinanderschieben zweier einfacher Weichen. Dadurch wird zusätzlich zum Befahren der beiden Zweiggleise auch die Benutzung der beiden gemeinsamen Stammgleise als Diagonale möglich.

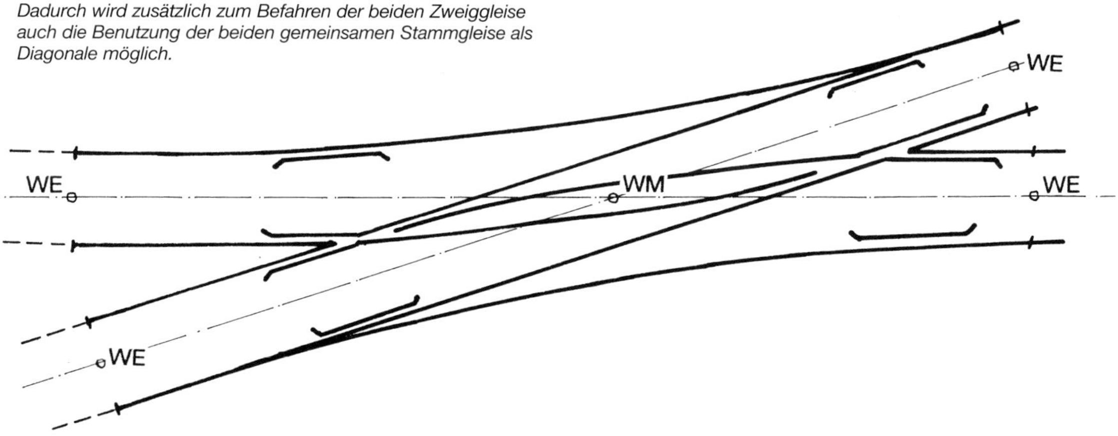

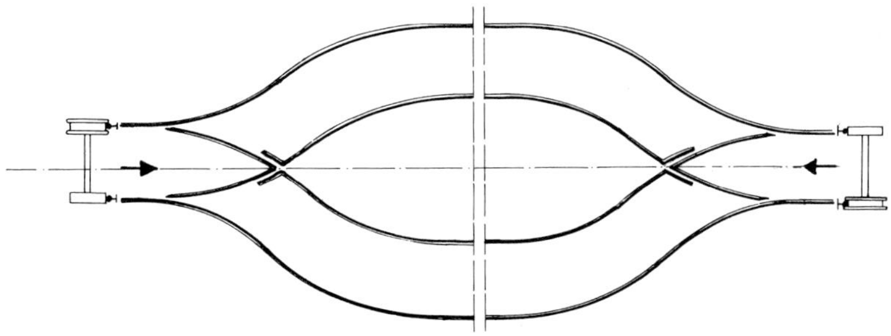

Abt'sche Weichen liegen meistens in Steilstrecken, die mit Standseil- oder Zahnradbahnen befahren werden. Durch die doppelten Spurkränze an den jeweils außenliegenden Rädern, können sich die Wagen in der Ausweiche begegnen, ohne daß Zungenvorrichtungen nötig wären.

genüberliegende Rad eines Radsatzes spurkranzlos ausgeführt werden und, ohne Rücksicht auf die Lückenweite im Herzstückbereich, die führungslosen Stellen überrollen.

Rückfallweichen sind einfache Weichen, die zusätzlich mit einer Rückstellvorrichtung ausgerüstet sind. Außerdem sind sie mit elektrischen und mechanischen Einrichtungen zur Überwachung der in der Grundstellung anliegenden Weichenzunge (Zungenprüfer) ausgerüstet. Rückfallweichen dürfen im regelmäßigen Zugverkehr aufgefahren werden.

Einige der oben beschriebenen Weichenkonstruktionen wurden bereits in vorhergehenden Abschnitten über die Modellweichen erwähnt, wie z. B. Dreiwege-Weichen, die wegen ihrer platzsparenden Bauart für den Modelleisenbahner eine wesentlich größere Bedeutung haben als beim Vorbild. Sie jedoch in Hauptgleise einzubauen und dort mit hohen Geschwindigkeiten zu befahren, verbietet in jedem Fall der Vergleich mit dem Vorbild.

Gemischtspurige Modellweichen findet man nur bei *Hobby-Ecke Schuhmacher* und *Pilz/Tillig*. Hier sind die Bauarten und Bauweisen durch die Schwellenkonstruktion vorgegeben. Bei den Bausätzen der Schuhmacher-Weichen sind Anpassungen an vorhandene Gleissituationen gut möglich.

Industriell gefertigte Entgleisungsvorrichtungen sind bei *Peco* zu finden. Unter der Bezeichnung »Sperrweiche« werden Konstruktionen mit halben Zungenvorrichtungen angeboten.

Gleis- und Weichenverschlingungen sind bei keinem Hersteller handelsüblich. So bleibt für den Modellbahner bei Bedarf nur der Eigenbau.

Schleppweichen sind bei der Modellbahn sehr selten und auch nur sinnvoll, wenn ein Thema aus den Kindheitstagen der Eisenbahn gestaltet wird. Au-

Zwei Doppelweichen (auch »Dreiwegeweichen« genannt) in der Nenngröße H0. Beim Vorbild sind diese Konstruktionen wegen ihrer Störanfälligkeit und des hohen Verschleißes verpönt, beim Modellbahner jedoch wegen ihres Platzspareffekts sehr beliebt. Dabei ist die unsymmetrische Doppelweiche von Roco (oben) dem Vorbild ähnlicher als die symmetrische Doppelweiche von Märklin (unten). Solch extreme Weichengeometrie findet man beim Vorbild höchstens auf den Decks von Eisenbahnfährschiffen.

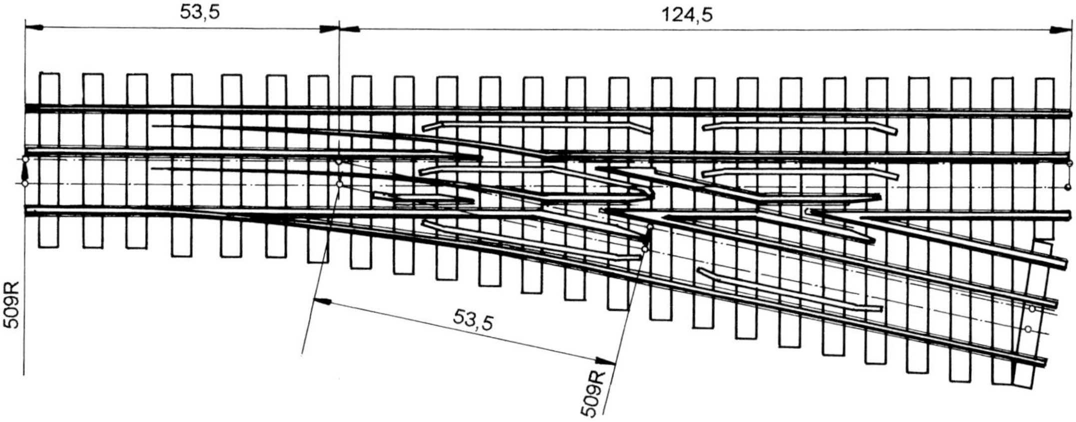

Zweispurige einfache Weiche im Dreischienengleis.
Die Zeichnung ist maßstäblich für die Spurweiten 12mm/5,5mm dargestellt. Der Umrechnungsfaktor für die Nenngröße H0/H0e ist 1,28.

ßerdem ist die Funktionstüchtigkeit einer solchen Konstruktion nicht mit Weichen der Regelbauarten zu vergleichen.

Anders liegen die Verhältnisse hingegen bei den »Abtschen Weichen«. Wer steile Zahnradbahnen oder Standseilbahnen auf seiner Anlage einzurichten gedenkt, wird – nicht nur als besondere Attraktion, sondern auch aus betrieblichen Gründen – auf den Einbau solcher Weichen nicht verzichten können. Da es sie jedoch im Handel nicht gibt, bleibt nur der Selbstbau.

Rückfallweichen sind auf Modellbahnanlagen häufiger anzutreffen als beim Vorbild. Der Grund dafür ist die meistens geschlossene Streckenführung auf der Modellbahn (Wendeschleifen oder Trassenführung im Kreis) im Gegensatz zur linearen des Vorbildes (von A nach B). Dabei entstehen oft Betriebsführungen, bei denen bestimmte Weichen nur in festgelegten Richtungen befahren werden; z.B. Einfahrt in die Wendeschleife über das Stammgleis, Ausfahrt über das Zweiggleis. In einem solchen Fall kann man die Zungenvorrichtung mittels einer Feder in Geradeausstellung festlegen. Der aus der Wendeschleife herausfahrende Zug schneidet sich die federnd anliegenden Zungen auf, sofern die Federspannung richtig dosiert wurde. Unter diesem Aspekt lohnt es sich, die Modellanlage kritisch zu betrachten, um festzustellen, wo solche Rückfallweichen eingerichtet werden können. Die Einsparung an Weichenantrieben kann erheblich sein.

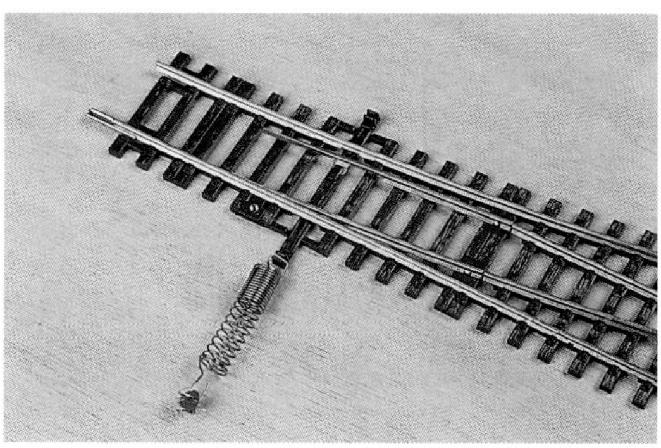

Rückfallweiche im Modell. Für den Einbau in eine Wendeschleife wurde eine Roco-Weiche als Rückfallweiche umfunktioniert. Dabei wird die Zungenvorrichtung mit Hilfe einer Zugfeder in der Stellung »Abzweigung« festgelegt. Bei der Ausfahrt des Zuges aus der Wendeschleife stellen die Spurkränze der Räder bei jeder Überfahrt die Zungenvorrichtung in die Stellung »Geradeaus«. Durch Tests wurde die günstigste Federkraft ermittelt.

4

Weichen auf Modellbahnanlagen

Die Ansprüche der meisten Modelleisenbahner an das rollende Material und die Ausgestaltungselemente für Gebäude und Modell-Landschaften sind hoch. Nieten werden gezählt und verglichen, sowie mit Meßlatte und Bandmaß Originale vermessen, damit alles so vorbildgetreu wie möglich ist. Beim Gleis sind die Ansprüche allerdings meistens geringer. Schnell werden seit Jahrzehnten anzutreffende Gegebenheiten beim Modellgleis akzeptiert. Oft gilt der Wahlspruch: »safety first, outfit second«. Trotzdem sind betriebssichere und optisch gut wirkende Gleise und Weichen herstellbar, wie neuere Entwicklungen zeigen.
Modelleisenbahner stellen im wesentlichen drei Hauptforderungen an die Modellbahnindustrie:

- niedriges, vorbildlich gestaltetes Schienenprofil
- schlanke Weichenneigungen
- vorbildliche Gestaltung der Schwellen und des Kleineisens.

Der ersten Forderung tragen die meisten Hersteller Rechnung, indem sie für die Nenngröße H0 2,1 mm hohe (Code 83) Schienenprofile verwenden, was – bezogen auf das UIC-Schienenprofil S 64 – eine modellmäßige Vergrößerung auf nur 106% bedeutet. *Peco* kommt mit 1,9 mm Profilhöhe (Code 75) dem Vorbild am nächsten.
Bei den Weichenabzweigungen hat sich die Industrie weitgehend auf das 1:3,73-System festgelegt: Die 15°-Weiche hat auf der Modellbahn inzwischen die Stellung eingenommen, die der 1:9-Weiche beim Vorbild zukommt. Doch auch (fast) vorbildgetreue Weichenneigungen sind bereits bei einigen Industriegleisen anzutreffen: z. B. die 11°-Weichen (1:5,14) von *Pilz/Tillig*, die 10°-Weichen (1:5,67) von *Peco* oder die 8,1°-Weichen (1:7,12) von *Roco*.
Trotz moderner Spritztechnik ist die vorbildgetreue Gestaltung der Schwellenroste unter den Weichen oftmals nicht optimal. Der unnatürliche Plastikglanz läßt sich noch leicht durch Anstriche mit matten Acrylfarben oder Bekleben mit dünnen Holzfurnierstreifen beseitigen. Aufwendiger ist die Beseitigung von Fehlern in der Schwellenteilung und in der Schwellengestaltung. Abgeknickte Holzschwellen hinter dem Herzstück sollte man auf keinen Fall tolerieren. In den Epochen II und III wurden oft Stahlschwellen auch im Weichen- und Kreuzungsbereich verwendet, wovon es bei Industriemodellen leider keine Nachbildungen gibt.

Insgesamt ist das Angebot der Industrie an Weichen aber anzuerkennen. Fast jeder Hersteller hat einfache Weichen, Doppelweichen, Bogenweichen, Kreuzungen sowie einfache und doppelte Kreuzungsweichen in seinem Sortiment. Im Angebot fehlen jedoch die gebogenen Varianten von Kreuzungen und Kreuzungsweichen. Hier bleibt nur der Umbau von handelsüblichen Weichen und Kreuzungen bzw. der Eigenbau.

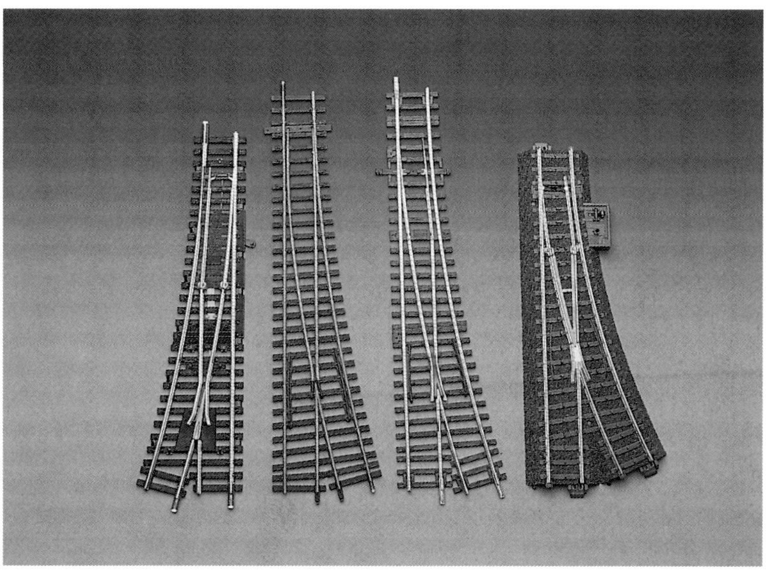

Entsprechend der unterschiedlichen Gleissysteme haben verschiedene Hersteller auch unterschiedliche Neigungen und Zweiggleisradien bei ihren Weichen im Angebot. Kompatibel ist dabei kaum etwas.
Von links nach rechts: Fleischmann-Modell-Gleis mit 15° Abzweigwinkel und 738 mm Radius; Pilz-Elite-Gleis mit 15° Abzweigwinkel und 866 mm Radius; Roco-Line-Gleis mit 15° Abzweigwinkel und 873,5 mm Radius sowie Märklin-C-Gleis mit 24,3° Abzweigwinkel und 437,5 mm Radius;

4.1

Umbau von handelsüblichen Modellbahnweichen

Zum Umbau von Industrieweichen gehört zunächst die Kenntnis der gültigen Normen (NEM). Durch die Weichenumbauten sollen einerseits eine Anlage vorbildgetreuer gestaltet, andererseits Voraussetzungen geschaffen werden, auch Fahrzeuge verschiedenster Fabrikate sicher darauf fahren zu lassen. Modellnormen helfen dabei, denn sie orientieren sich nicht nur am Vorbild, sondern berücksichtigen auch das modelltechnisch Machbare. So enthalten die für Umbauabsichten gültigen Normen alle notwendigen Werte, von den Beziehungen zwischen Rad und Schiene bis hin zu den wichtigsten Konstruktionsmaßen, die sich in mehr oder weniger großen Toleranzen bewegen. Während sich allerdings die Industrie aus technischen und technologischen Gründen meistens an den oberen (maximalen) Grenzwerten orientiert, strebt der Modellbauer nach den kleinsten und feinsten Dimensionen. Diesen Spielraum sollte man beim Umbau von Industrieweichen nutzen.

Hauptwerkzeug bei diesem Umbauprozeß ist eine exakte Lehre. Hier hat man die Wahl zwischen Lehren nach NMRA (Normen amerikanischer Modelleisenbahnen) oder NEM (Normen europäischer Modelleisenbahnen). Obwohl beide Normenwerke sich über weite Strecken ähneln, gibt es doch feine Unterscheide. Das betrifft z.B. das Maß s zwischen Radlenker und Flügelschiene. Beim Vorbild nennt man es den Führungsschienenabstand A_F. Dieses Maß ist für die Nenngröße H0 nach NEM s_{max}=14,1 mm und nach NMRA s = 14,33 mm. Das sind 0,23 mm mehr zwischen den Führungsschienen oder 0,115 mm weniger in jeder Spurrille. Das bewirkt nicht nur eine bessere Radführung im Herzstückbereich und somit mehr Laufruhe, sondern führt auch zu einem besseren Aussehen. Leider liegt das NRMA-Maß um 0,03 mm über dem nach NEM zulässigen Rückenflächenabstand der Radsätze von B=14,3 mm. Somit müssten alle Radsätze nachgemessen werden, ob ihr Innenmaß der Mindestgröße von B=14,5 mm (bei 0,17 mm Spiel zum Führungsschienenabstand s) entspricht.

Spurlehren ersparen das ständige Einstellen der erforderlichen Werte an der Schiebelehre, erleichtern das Nachmessen aller Spurführungsmaße und schließen Irrtümer aus. Solche Lehren sind u.a. über die Werkzeugfirma *fohrmann* und *Hobby-Ecke Schuhmacher* erhältlich.

4.1.1 Umbau des Schwellenrostes

Die Möglichkeiten, das Schwellengrundgerüst von Industrieweichen umzubauen, sind gering. Die meisten Abweichungen vom Vorbild gibt es bei den Schwellenabmessungen, der Schwellenlage/Schwellenteilung und den Schwellenabständen. Außerdem füllen verschiedene Hersteller einzelne Schwellenfelder aus, um darunter Stellvorrichtungen zu montieren. Fast allen Industrieweichen ist die auffällige Stellschwelle aus braunem oder durchsichtigem Kunststoff eigen.

Natürlich ist es möglich, eine völlig neue Schwellenunterlage – z.B. aus selbstgefertigten Holzschwellen – zu schaffen. In der Regel wird sich der Umbau jedoch auf einfache Korrekturen beschränken. Im folgenden soll dies am Beispiel einer *Roco*-Weiche (Kat. Nr. 42532) beschrieben werden. Sie hat eine Neigung von 15° (1:3,73) und einen Abzweigradius von 873,5 mm und entspricht damit – bezogen auf Modellbahnverhältnisse – der Standardweiche 49-190-1:9-H. Die Weiche, die insgesamt einen gut gestalteten Eindruck macht, besitzt vorbildgetreu angebrachte Stoßschwellen (Doppelschwellen) am Weichenanfang, an den Zungengelenken und am Zwischen- und Flügelschienenstoß. Auch die Schwellenteilung ist vorbildgetreu: Vom Weichenanfang bis zum Flügelschienenstoß rechtwinklig zur Stammgleisachse und im Herzstückbereich rechtwinklig zur Winkelhalbierenden.

Störend wirken die Aussparungen für die Schienenverbinder in den Endschwellen, die Stellschwellenführung und die Gewindeanschlüsse am Stammgleis. Sie werden, genauso wie die Stellschwellenführung, mit einem feinen Laubsägeblatt herausgeschnitten. Statt der Stellschwelle wird eine Kunststoffschwelle 2 x 3 x 31 mm eingefügt, auf der Messingstreifen (d = 0,7 mm) aufgeklebt werden, die die Schienenstühle imitieren. Die äußere Schienenbefestigung wird mit Papierplättchen nachgebildet, in die die Schraubenköpfe mit einer feinen Nadel eingestochen wurden. Mit dem Kür-

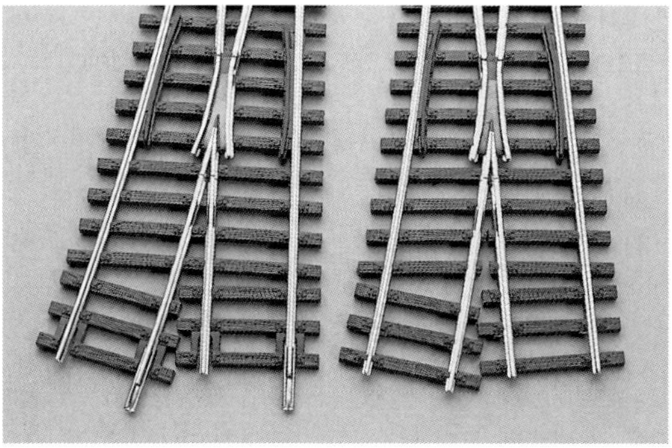

Umbaubeschreibung einer Roco-Weiche (H0). Am Weichenende (Bild) und am Weichenanfang werden zunächst die Verbindungsstege zwischen den Endschwellen entfernt, die das Verschieben der Schienenverbinder im eingebauten Zustand ermöglichen sollen. Die frei gewordenen Endschwellen werden durch Einzelschwellen vom Flexgleis ersetzt. Nachdem die Schwellen hinter dem Herzstückwinkel durchgetrennt und soweit gekürzt wurden, daß sich die Herzstückneigung mühelos von 15° auf 12° zusammendrücken läßt, ist die Weiche mit dem Peco-System kompatibel.

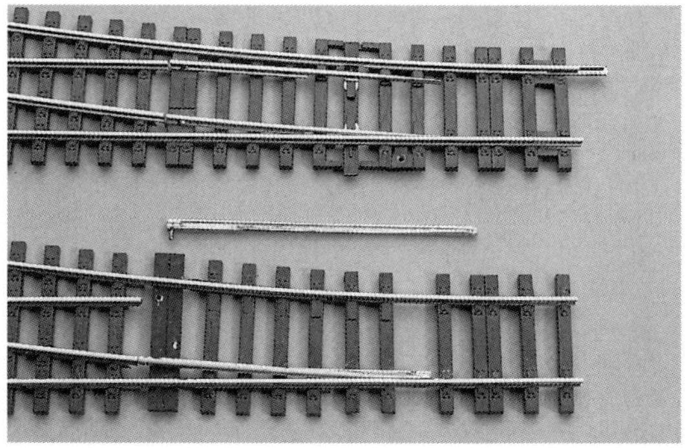

Umbaubeschreibung einer Roco-Weiche (H0). Im Mittelteil der Industrieweiche (oben) wurden die Stellschwellenführung abgetrennt und die Befestigungslaschen für den oberflurigen Weichenantrieb entfernt. Mit dem Heraustrennen der Stoßschwelle unter den Zungengelenken fällt die gesamte Zungenvorrichtung heraus. Jetzt kann eine neuen Stoßschwelle eingesetzt werden, in die die Lagerhülsen (∅ 1 x 0,2 mm) für die neuen Zungen eingeklebt werden.

zen der Weiche bis zu den Stoßschwellen am Weichenanfang und um jeweils zwei Schwellen an den Weichenenden verschwinden auch die auffälligen Aussparungen für die Schienenverbinder. Die angespritzten Radlenker werden entfernt (sauberes Abtrennen mit einem Bastelmesser) und durch Messingwinkel 2,5 x 1 x 0,5 mm ersetzt. Das einmal, weil die Führungslücke mit 1,5 mm zu weit (nach NEM 310: 1,3 mm) und zum anderen die Führungslänge zu verändern war. Das Führungsmaß F_0 am Radlenker muß nämlich an der Stelle erreicht sein, wo das Rad die Herzstückspitze verläßt und bis zum Punkt des Aufrollens auf die Flügelschienen beibehalten werden.

In die großzügig ausgefrästen Flächen der Stoßschwellen an den Zungengelenken werden dünne Streifen aus Furnierholz eingelegt, um das Bild der Stoßschwelle zu wahren. Ein dünner Anstrich aller Schwellen mit braun-schwarzer Acrylfarbe schafft den gewünschten Eindruck einer stark befahrenen Weiche. Diesen kann man noch unterstützen, indem die Schienenbefestigungen (Kleineisen) mit schwarzer Lackfarbe (ölig glänzend) gestrichen werden.

4.1.2 Umbau der Zungenvorrichtung

Bei der genannten *Roco*-Weiche wird zum Bewegen der Zungen ein 1,5 mm dicker Stellbalken aus Holz ins zweite Schwellenfach eingesetzt. Es sollte möglichst dichtes und festes Holz (Buche, Brasilholz) verwendet werden. Der Stellbalken muß sich leicht, doch ohne zu wackeln, in der Stellgrube bewegen lassen. Abstandshalter unter den Backenschienen sorgen dafür, daß sich der Balken nicht anheben kann. Für weitere Anschlüsse (Laternen, seitliche Stellvorrichtungen usw.) wird der Balken am Ende quer geschlitzt. Ein hier eingeklebtes Stellblech enmöglicht die momentenfreie Kraftübertragung in Balkenachse.

Wer seine Weichen mit Drähten stellt, die aus Unterflurantrieben kommen, muß den Stellbalken mittig durch- bzw. anbohren. Zur Kraftübertragung der Stellbewegung auf die Zungen dienen Stellzapfen, die aus 1 mm dicken Kupfernieten bestehen. Da diese bereits einen Bund haben, lassen sie sich leicht auf 0,3 mm dicke Messingplättchen auflöten. Die Führung der Niete im Stellbalken muß genau und senkrecht erfolgen. Am Schienenfuß werden die Plattenflächen der Stellzapfen angeklebt (Zweikomponentenklebstoff). Weil dazu – und zum vorbildgetreuen Ergänzen der Zungen mit Schienenfüßen – die Profile aus der Weichenkonstruktion herausgelöst werden müssen, empfiehlt sich das

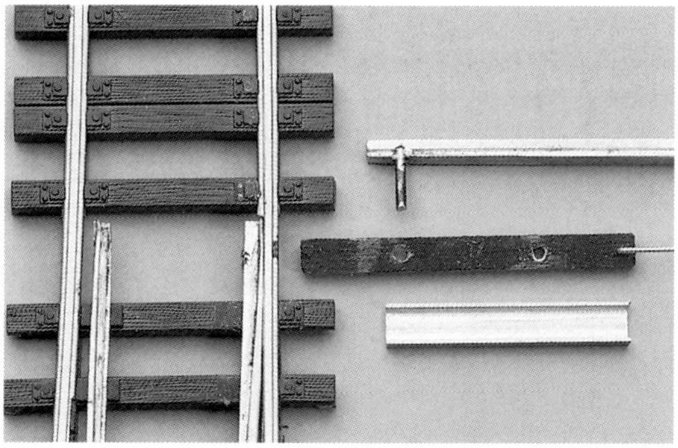

Umbaubeschreibung einer Roco-Weiche (H0). Die Zungen der Industrieweiche werden gegen selbstangefertigte Zungen ausgetauscht. Bei diesen sind die Schienenfüße vorbildgetreu verbreitert und der Schienensteg verstärkt. Außerdem wird die Stellvorrichtung an das Ende der Zungen verlegt, wo Buchsen in der Stellschwelle die Mitnahme der Zungen gewährleisten. In diesen Buchsen stecken Hohlnieten von 1 mm Außendurchmesser, die von unten an die Zungen angelötet werden. Damit die Stellschwelle nicht verkantet, wird sie in einem U-Profil geführt.

Geätzte Spurrilleneinlagen für Roco-Weichen. Da die Spurrillen an den Herzstücken der Roco-Weichen für Radkränze nach NEM 311 ausgelegt wurden, sind sie für vorbildgetreu profilierte Räder mit niedrigen Spurkränzen (z.B. RP 25) zu tief. Um ein Einsinken dieser Räder in den führungslosen Stellen am Herzstück zu verhindern, werden die gezeigten Ätzteile eingesetzt.

Durchtrennen der Stoßschwelle am Zungengelenk. Zum Vervollständigen der Zungen mit Schienenfüßen und einer »Verstärkungsrippe«, wie es beim Vorbildprofil üblich ist, baut man sich am besten eine absolut ebene Holzunterlage (siehe Zeichnung auf Seite 66). Auf diese wird der 2 mm breite Fußstreifen aus 0,2 mm dicken Neusilber mit wenigen Tropfen Klebstoff geklebt. So kann das Auflöten des Schienenprofils gut kontrolliert werden, denn die Fußflächen der Zungen in der vorderen Profilhälfte stehen vollflächig auf der Holzfläche. Zum Schluß wird das Profil mit Aceton von der Unterlage abgelöst und gesäubert. Das Einsetzen der Gelenkzungen geschieht durch Zusammenkleben der Stoßschwellenhälften.

4.1.3 Umbauten von Herzstücken

Damit möglichst alle handelsüblichen Modellfahrzeuge ohne Einschränkungen fahren können, sind die meisten Industrieweichen mit Auflaufherzstücken ausgerüstet. So auch die oben beschriebene *Roco*-Weiche EW83-873,5-1:3,73. Wegen der unterschiedlich dicken Spurkränze älterer Fahrzeuge mußte die Führungslücke auf einen Maximalwert von 1,7 mm vergrößert werden. Der in NEM 310 vorgeschiebene Wert von 1,3 mm wird damit um 0,4 mm überschritten, was auch zulässig ist, wenn das Herzstück mit besagtem Spurkranzauflauf ausgerüstet ist. Kritisch wird diese große Führungslücke für Räder, die filigrane Profile (etwa RP 25) haben. Mit ihrer geringen Spurkranzhöhe können diese nicht auf der Auflaufflächen rollen und fallen somit in die 11 mm lange Lücke zwischen Herzstückspitze und Flügelschienenknickpunkt. Deshalb bietet *Roco* geätzte Herzstückeinsätze an, die die Tiefe im Auflaufgraben verringern.

Eine Verringerung der Weichenneigung ist zwar oft wünschenswert, jedoch meistens wegen der massiven Gestaltung der Herzstückregion nicht möglich. Anders bei der beschriebenen *Roco*-Weiche. Da das massive Herzstückteil bereits 15 mm hinter der Spitze von den übrigen Herzstückschienen getrennt ist, ist eine Reduzierung der Neigung von 15° auf 12° möglich. Von den letzten drei durchgehenden Schwellen müssen in der gedachten Linie der Winkelhalbierenden kleine Keile herausgeschnitten werden, bis ein neuer Winkel von etwa 12° erreicht ist. Daß dabei die Schienenbefestigungen zwischen den Herzstückschienen zerstört werden, muß als Kompromiß für die nunmehr schlankere Weiche hingenommen werden. Sie paßt auch nicht mehr in das *Roco*-Gleissystem, doch ist eine Kombination mit dem *Peco*-Gleissystem (12° Weichenwinkel) möglich.

Der Umbau eines Massivherzstückes in ein solches aus Schienen soll anhand einer *Märklin*-Weiche aus dem K-Programm demonstriert werden.

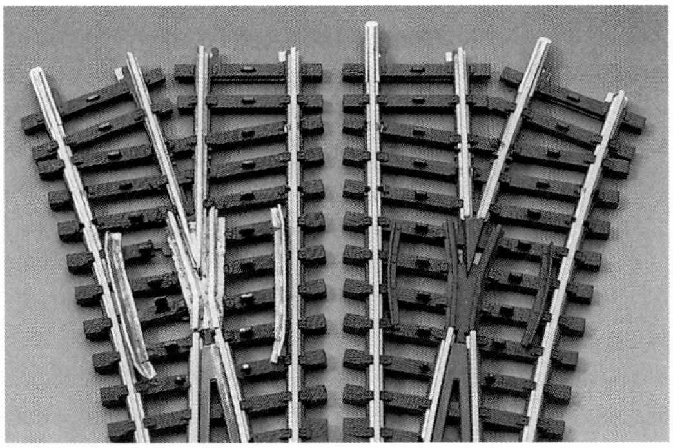

Umbauarbeiten am Herzstück einer Märklin-H0-K-Weiche. Um auch Triebfahrzeugen mit extrem kurzem Achsstand die problemlose, langsame Durchfahrt durch Gleiskombinationen mit diesen Weichen zu ermöglichen (und auch wegen der besseren optischen Wirkung) wurde die linke Weiche mit Metallherzstück und Flügelschienen aus Neusilber (h = 2,5 mm, Code 100) ausgerüstet. Außerdem wurden die kurzen Radlenker aus Kunststoff gegen längere aus Messingblech ausgetauscht. Der Herzstückbereich wurde auf eine selbstklebende Kupferfolie (Conrad-Elektronik) aufgelötet und ist von den Zwischenschienen elektrisch getrennt.

Die Weiche hat eine Neigung von 22,5° (1:2,41) und einen Zweiggleishalbmesser von 424,6 mm. Das Herzstück ist als Auflaufkonstruktion ausgebildet und besteht einschließlich der angespritzten Flügelschienen aus Kunststoff. Die Rillenweite beträgt 1,5 mm. Die Herzstückschienen werden aus den Schienenbefestigungen gezogen und danach das Herzstück einschließlich der Flügelschienen mit einem scharfen Bastelmesser vom übrigen Kunststoffkörper getrennt.

Die neue Konstruktion besteht aus 2,5 mm hohen Neusilberschienen von *Pilz/Tillig*. Die Code-110-Schienen (h=2,8 mm) von *Märklin* sind nämlich aus Silberstahl und lassen sich schwer löten. Das Loch über dem Mittelleiter-Metallkörper wird mit einem passenden Füllstück aus 1,5 mm dickem Hartholzsperrholz geschlossen. Hier ist Holz besser als Kunststoff, da auf ihm gelötet werden kann. Auf den Holzklotz wird ein Plättchen aus 0,3 mm dickem Neusilber geklebt, das die Form des herausgetrennten Herzstückes einschließlich der Flügelschiene hat. Vorher kann man das Blech mittig mit einer 0,5 mm-Bohrung versehen und dort ein Stück Kupferlitze zur späteren Spannungsversorgung des Herzstückes einlöten. Das neue Herzstück besteht aus den zur Haupt- und Beispitze zugefeilten Schienen, die genau in die Flucht der Fahrkanten einzupassen sind. Je spitzer das Herzstück, um so besser ist die Fahrsicherheit. Stimmt die Flucht, werden die Schienenfüße auf dem Ns-Blech mit wenig Zinn angelötet und die Anschlußspitze zwischen Haupt- und Beispitze ebenfalls mit etwas Zinn versehen. Während dieser Arbeiten ist eine ständige Kontrolle der Spurweite (Spurlehre) unerläßlich.

Zwei weitere Schienen werden auf etwa 30 mm abgelängt und zum Knicken bei 12 mm im Fuß eingesägt. Das nun folgende Anpassen der Flügelschienen an das Herzstück erfordert Geduld und einen kritischen Blick. Die Spurrillenweite von 1,2 mm wird mit einer Lehre (1,2 mm dicker Karton wird rechtwinklig auf ein Holzbrettchen geklebt) kontrolliert. Alle spitzen Kanten werden gebrochen und der Einlauf am freien Ende der Flügelschiene stark abgeschrägt. Die Füße der Flügelschienen werden auf dem Ns-Blech mit Sekundenkleber befestigt. Weiterhin können noch die Radlenker der *Märklin*-Weiche entfernt und durch längere L-Profile aus Messingblech (3 x 2 x 1 mm) ersetzt werden. Der optische und betriebstechnische Gewinn des beschriebenen Umbaus ist trotz der steilen Neigung der Weiche und ihres engen Zweiggleishalbmessers beachtlich.

4.1.4 Biegen von Industrieweichen

Grundsätzlich können alle Modellweichen in einem gewissen Bereich gebogen werden, wenn sie keinen festen Unterbau (z.B. *Fleischmann-PROFI*, *Märklin*, *Roco-line* mit Bettung) besitzen. Notwendig wird das Biegen, wenn Flexgleise in selbstgewählten Bögen verlegt wurden und in diese Weichen eingebaut werden sollen. Um eine hohe Flexibilität zu erreichen, ist beim Flexgleis abwechselnd jeder zweite Schwellenverbindungssteg unter beiden Schienen durchtrennt. Im Gegensatz dazu können zum Krümmen gerader Weichen nur die Verbindungsstege unter der äußeren Schiene (mit einer Trennscheibe) entfernt werden. Ein Herausschneiden der Stege unter dem inneren Strang hätte lose Schwellen und den Verlust der gesamten Weichengeometrie zur Folge. Somit ist die Möglichkeit der Krümmung gerader Weichen und Kreuzungen eingeschränkt.

Eine besondere Innovation auf diesem Gebiet stellt die neue Außenbogenweiche von *Pilz/Tillig* mit 2707 mm/2707 mm Radien und 6°/6° Herzstückwinkel dar. Bei solch großen Zweiggleisradien ist

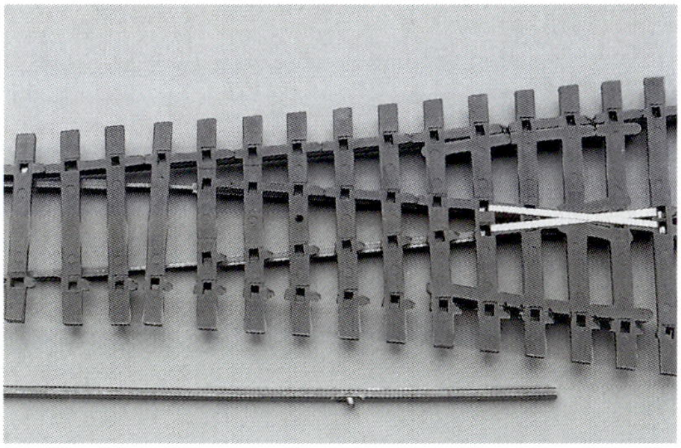

Sollen Weichen der Grundform gebogen werden, müssen sie flexibel gemacht werden. Um aus der dargestellten einfachen Weiche von Pilz eine Innenbogenweiche zu formen, wurde von den Schwellenverbindungsstegen im geraden Strang (oben) jeder zweite durchgetrennt und von den im gebogenen Strang (unten) jeder herausgetrennt. Nun läßt sich die Weiche großzügig verformen, wenn man die Arretierungsstifte an den Schienenfüßen der Außenschienen (unten) entfernt.

Noch höhere Flexibilität bei Pilz-Weichen. Durch die mäanderförmig gestalteten Federn an der Unterseite der Schwellenroste von einigen Pilz-Weichen lassen sich die Weichen gut in beliebige Bögen krümmen.

auf dem ersten Blick nicht zu erkennen, daß es sich um eine Außenbogenweiche (ABW) handelt. So läßt sich die Weiche z.B. auch mit geringem Aufwand zur EW biegen. Für weitere Manipulationen in Richtung Bogenweiche sind die Schwellenstege unter den Außenschienen als mäanderförmige Federn ausgebildet, die eine ungehinderte Krümmung in weiten Bereichen (Strecken und Stauchen der Stege) ermöglichen. Dazu bestehen die Radlenker aus Winkelprofilen, die in den Kleineisennachbildungen verschiebbar sind. Somit läßt sich ihre Position der jeweiligen Lage der führungslosen Stelle in der Bogenweiche anpassen.

Wie immer man auch seine Gleise mit gebogenen Industrieweichen individuell gestalten will, in jedem Fall wird für einen solchen Umbau die Anfertigung einer Zeichnung empfohlen. Dafür wird zunächst die ursprüngliche Achse des Stammgleises in Form einer Geraden dargestellt. Die Weichenmitte (WM) ergibt sich aus der Ermittlung der Tangentenlänge t nach der Formel

$$t = R_0 \cdot \tan\frac{\alpha_0}{2}$$

(R_0: Zweiggleishalbmesser, α_0: Weichenwinkel). Da die Länge der Weiche (WA-WE) L=2t ist, liegt WM in der Mitte dieser Strecke und in Gleismitte. Von hier aus wird der Weichenwinkel (möglichst als Verhältnis 1:n) abgetragen. Der neue Krümmungswinkel $\alpha 1$ des zu biegenden Stammgleises ergibt sich nach der o.g. Formel aus der gegebenen Tangentenlänge t und dem gewünschten Grundradius R_1:

$$\tan\frac{\alpha_1}{2} = \frac{t}{R_1}$$

Nach Hinzufügen (Addition) dieses Winkels zu der ursprünglichen Weichenneigung ($\alpha_0 + \alpha_1 = \alpha_2$) kann der neue Zweiggleisradius R_2 nach der Formel

$$R_2 = \frac{t}{\tan\frac{\alpha_2}{2}}$$

ermittelt werden.

Beispiel: Eine 10°-*Roco*-Weiche soll in einen Bogen mit 1000 mm Radius eingebaut werden. Die Originalmaße der Weiche sind: α_0=10°, R_0=1946 mm. Die Tangentenlänge des Zweiggleisbogens ist t=1946 x 0,0875 =170,3 mm. Der Weichenmittelpunkt WM ist somit 170,3 mm von den Weichenenden WE entfernt. Der neue Krümmungswinkel der Stammgleises ist

$$\tan\frac{\alpha_1}{2} = 170{,}3 : 1000 = 0{,}1703.$$

Damit ist α_1 = 19,3°. Aus der Addition der beiden Neigungswinkel wird α_2 = 10°+19,3° = 29,3°, und der Zweiggleishalbmesser der neuen Innenbogenweiche R_2 = 170,3 : 0,2612 = 652 mm. Aus diesen

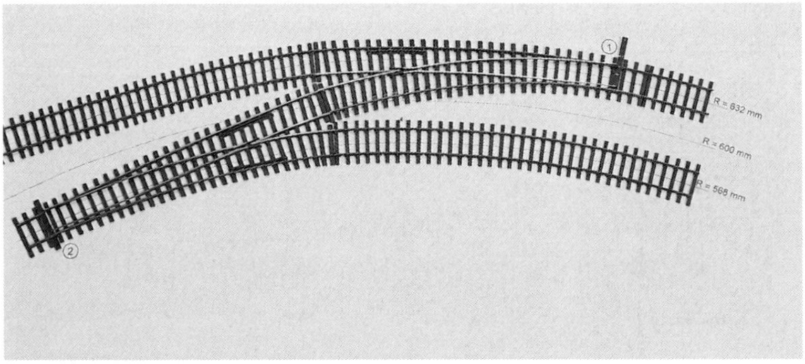

Eine einfache Gleisverbindung in einem Bogen. Weichen auf flexiblen Schwellenrosten lassen sich innerhalb bestimmter Grenzen in beliebige Bögen biegen. So entstand die dargestellte Gleisverbindung in einem 600er Bogen mit 64 mm Gleisabstand aus zwei Weichen EW 83-866-1:3,73 von Pilz. Die dargestellte Konstruktion befindet sich noch im Bau, wie man an den fehlenden Schienen und dem noch unvollendeten linken oberen Bogen erkennen kann.

Maßen entsteht ein genauer Aufriß, wobei die großen Radien am besten mit einem Schnurzirkel gezeichnet werden. Nach Aufkleben dieser Schablone auf das Trassenbrett läßt sich die vorbereitete Weiche leicht in die neue Linienführung einpassen.

4.2

Weichenbausätze

Weichenbausätze gibt es derzeit im Angebot der Firmen *Pilz/Tillig* und *Hobby-Ecke Schuhmacher*. Die Technologien sind bei beiden Hersteller sehr unterschiedlich. Während *Pilz/Tillig* seine Industrieweichen in Einzelteilen zur Selbstmontage anbietet, müssen die der *Schuhmacher*-Weichen mit Hilfe von Schablonen und Hakennägelchen auf die beigefügten Weichholzschwellen aufgenagelt werden.

Das Angebot der *Pilz*-Weichenbausätze umfaßt z.Zt. für die Nenngröße TT einfache Weichen und Innenbogenweichen. Im Modell-Gleissystem der Nenngröße H0 gibt es einfache Weichen sowie Innen- und Außenbogenweichen und schließlich für das *Pilz*-Elite-Gleissystem einfache Weichen und die oben beschriebenen flexiblen Weichen zum Bau von einfachen und Bogenweichen. Die Bausätze bestehen aus Kunststoff-Schwellenrosten und den bereits abgelängten und vorbereiteten Schienen und Zungen. Dazu gehören Schienenverbinder und eine Stellschwelle. Die Zungen der TT-Weichen und die des H0-Standard-Systems sind als Gelenkzungen ausgebildet, die für das Elite-Gleis als Federschienenzungen. Die Montage ist mit Hilfe der Bauanleitung durch Einschieben und Einklipsen der Teile unkompliziert.

Das Bausatzangebot der Firma *Hobby-Ecke Schuhmacher* umfaßt über 100 Weichen und Kreuzungen für die Nenngrößen H0, TT, H0e, H0m und N - jeweils mit Schienen nach Code 83, 70 und 55. Die Weichenneigungen liegen zwischen 6° und 14°, die der Kreuzungen zwischen 7° und 90°. Auch mehrspurige Konstruktionen (z.B. H0/H0e oder H0/H0m) sind im Angebot. Sonderkonstruktionen werden auf Wunsch extra angefertigt.

Ein solcher Weichenbausatz besteht in der Regel aus einem vorbereiteten Schienen-Körper, zugeschnittenen und gebeizten Weichholzschwellen, gebohrten Schienenstühlchen aus geschwärztem Blech und einer Tüte mit Hakennägeln. Weiterhin gehören Schablonen, Korkunterlagen, Pappelsperrholz sowie eine ausführliche Bauanleitung dazu. Spurlehren sind gesondert zu bestellen. Begonnen wird mit der Vorbereitung des Unterbaus. Um Verwerfungen zu vermeiden, werden die Trassenbretter aus Tischlerplatten gebaut, die zur Wasserabweisung (z. B. beim Einschottern) lackiert werden. Auf diese wird 4 mm dickes, ebenfalls lackiertes Pappelsperrholz geklebt, weil darin die etwa 6 mm langen Hakennägel am besten halten.

Mit dem Aufkleben der Schablone beginnt die eigentliche Weichenmontage. Entsprechend der angezeichneten Schwellenanordnung werden die Schwellen auf die Schablone geklebt. Soll die Weiche in der Mitte der Stellschwelle gestellt werden,

H0-Standardweiche EW 70-900-1:5,98-I-Fsch-(H) von Hobby-Ecke-Schuhmacher. Der Bausatz (oben) besteht aus einer vormontierten Fahrbahn, einem Satz zugeschnittener Schwellen und den Befestigungsmitteln Hakennägel, offene Unterlagsplatten und Unterlagsplatten mit Gleitstuhl. Außerdem gehört zum Bausatz eine gezeichnete Schablone. Zur Montage wählt man am besten eine Unterlage aus weichem (Pappel- oder Linden-) Sperrholz. Hier wurde zur Geräuschdämmung noch eine Korkplatte zwischengelegt.

ist nun ein entsprechendes Loch zu bohren. Die Schienen können mit Rostfarbe (*Revell*, *Humbrol*) eingefärbt (gealtert) werden. Mit dem Aufnageln der Schienen beginnt man bei der Backenschiene des geraden Stranges. Dabei muß auf absolut gerade Flucht geachtet werden – Grundlage für die gute Funktion der Weiche. Es folgt die Befestigung der geraden Zwischenschiene, der Flügelschienen und des Herzstückes. Dabei ist die Verwendung von mindestens zwei Spurhaltern notwendig. Günstig ist es, wenn man die Spurhalter soweit lockert, daß rechts und links davon je ein Schienenstühlchen zwischen Schwelle und Schiene geschoben werden kann, den Spurhalter wieder anzieht und durch die Bohrungen der Schienenstühlchen die Nägel eindrückt. »Eindrücken« ist die richtige Bezeichnung, da Nageln wegen des weichen Holzes nicht notwendig ist und nur Schaden anrichten würde.

Zum Montieren der Radlenker und des Herzstückes werden die normalen Schienenstühlchen durchgetrennt. Unter die Weichenzungen kommen die extra langen Schienenstühlchen. Das Anbringen von elektrischen Trennstellen beendet die Wei-

Am Weichenanfang werden die Federschienenzungen des Bausatzes von einer Pertinax-Stellschwelle geführt. Die Papierschablone wurde verzugsfrei mit Sprühkleber auf die Korkplatte geklebt. Die Schwellenbefestigung erfolgte mit wasserfestem Kontaktkleber. Da hier die Umstellkräfte in der Ebene der Stellschwelle angelenkt werden, erhielt diese eine zusätzliche Bohrung am Rand.

Im Herzstückbereich des Weichenbausatzes wurden die Flügelschienen mit dem Herzstück und die Radlenker mit den Backenschienen bereits herstellungsseitig fest verbunden. Dennoch sollte man auf Spurrillenkontrollen (hier mit einer Lehre von Fohrmann) nicht verzichten, wie überhaupt der gesamte Montageprozess in diesem Bereich immer von Spurkontrollen begleitet wird.

Am Weichenende müssen die Schwellen sehr sorgfältig verlegt werden, um eine Klemmen und eine damit verbundene Spurveränderung zu vermeiden. Die auffällige Bohrung im der Mitte des Zweiggleises stammt von der Spurmaßbefestigung mit einer Schraube.

chenmontage. Auf Abweichungen von der hier beschriebenen Technologie wird in den Bauanleitungen hingewiesen. So erfordert z.B. der Bau von Kreuzungsweichen zunächst ein Positionieren und Fixieren der Herzstücke und der Bau von Dreiwegeweichen beginnt am zweckmäßigsten mit dem Festnageln des inneren Gleisstranges. Erwähnenswert ist auch, daß alle Weichen keine Zungengelenke besitzen. Ein Ausarbeiten der Schienenfüße, ähnlich der Federschienenkonstruktionen bei den *Pilz*-Elite-Weichen, ist also empfehlenswert.

4.3

Selbstbau von Modellbahnweichen und -gleissperren

Weichen

Bei einem so großen Angebot an Fertigweichen und Bausätzen ist es fast schon unverständlich, warum noch Weichen und Kreuzungen vollständig selbst hergestellt werden. Trotzdem wird der Kreis der Selbstbauer und das Angebot der Industrie an Zubehörteilen für diese Vorhaben immer größer. Der Grund dafür ist nicht nur im fehlenden Angebot an einigen (wenigen) Sonderkonstruktionen – wie z.B. gebogene, doppelte Kreuzungsweichen – zu suchen, sondern auch im Trend nach Vorbildtreue auch bei den Gleisen der Modellbahn. Weichenselbstbau erfordert viel Zeit und gute Nerven, doch das Ergebnis lohnt die Mühe.

Am Beispiel einer einfachen Weiche (EW 49-150-1:6,6-l-Fsch (H)) in der Nenngröße H0 soll der Weichenselbstbau beschrieben werden, wobei die Übertragung dieser Technologie oder einzelner Details auf andere Gleisbaukonstruktionen oder Nenngrößen ohne große Einschränkungen möglich ist. Wie aus der Bezeichnung zu entnehmen ist, besteht das Vorbild aus Schienen S49. Von den handelsüblichen Schienenprofilen kommt in der Nenngröße H0 das Profil Code 70 (Schienenhöhe Vorbild: 148 mm, Schienenhöhe Modell: 1,8 mm) diesem am nächsten. Zur Schienenbefestigung kommen Kleineisennachbildungen aus Messing-

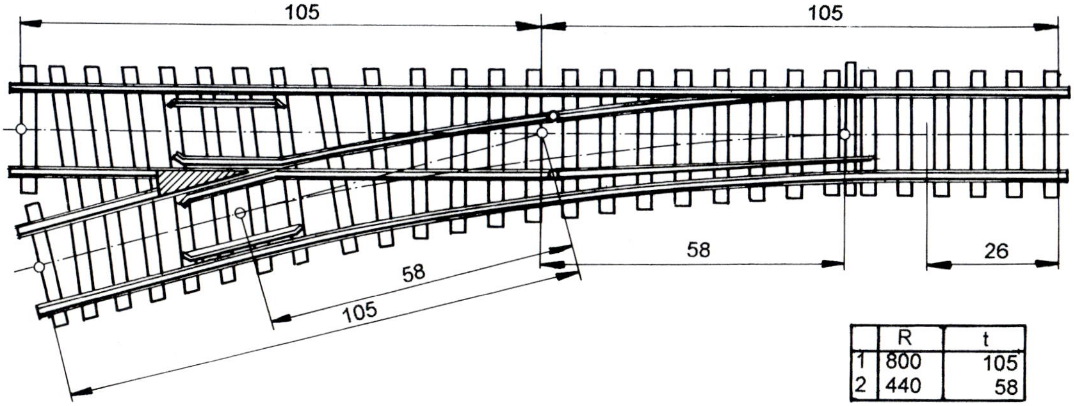

Lageplan einer Modellweiche EW 100-440/800-1:3,73 l Gz. Die Darstellung entspricht der Spurweite 9 mm, die Maßangaben entsprechen der Nenngröße H0. Umrechnungsfaktoren der Zeichnung für Nenngrößen H0: 1,84 und TT: 1,33.

guß von *Weinert* zur Anwendung. Diese gibt es für Code-70- und Code-83-Schienen. Zu empfehlen sind solche für Code-83-Schienen. Sie lassen mehr Spielraum für die Schienenfüße, was die Montage erleichtert.

Als verzugsfreier Unterbau dient wieder eine Tischlerplatte (13 mm), die vor dem Einbau lackiert wird. Auf eine Bettungskörpernachbildung wird verzichtet, da die Weiche im Bahnhofsbereich liegt und auch beim Vorbild keinen extra Bettungskörper hat. Auch Korkunterlagen werden nicht verwendet, da Unebenheiten und die bröckelige Struktur dem filigranen Bauvorhaben hinderlich sind. Das stärkere Abrollgeräusch der Fahrzeuge kann in diesem Fall toleriert werden. Grundlage des nun folgenden Weichenbaus ist die Schablone. Im vorliegenden Fall dient eine Zeichnung aus dem Weichenhandbuch des transpress-Verlages als Grundlage. Das glatte Aufkleben der Zeichnung auf der Tischlerplatte erfolgt mit wasserfestem Kleber, etwa mit Pattex.

Die Schwellen bestehen aus Pertinaxstreifen (1,8 x 3 x L mm), die aus Leiterplattenmaterial (aufkaschierte Kupferfolie) geschnitten werden. Die Längen L der Schwellen können von der Zeichnung abgegriffen oder aus den Vorbildangaben errech-

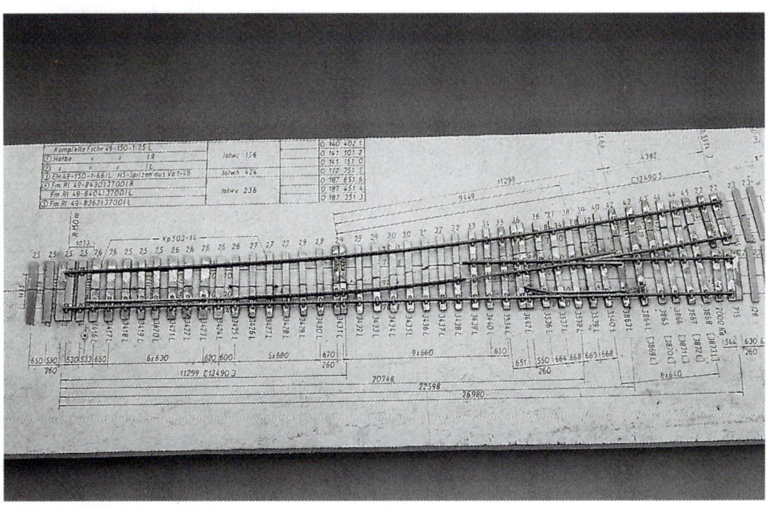

Selbstbauweiche auf der Basis einer EW 49-150-1:6,6/5,514 l Fsch (H). Grundlage für den Weichenselbstbau ist eine Zeichnung aus einem Weichenhandbuch, die auf den entsprechenden Maßstab (hier 1:87) verkleinert (kopiert) wird. Mit Sprühkleber wird diese Zeichnung verzugsfrei auf eine lackierte Tichlerplatte (Feuchtigkeitsschutz) aufgeklebt. Der hier vorgestellte Bauzustand zeigt die Weiche mit fertiggestelltem Herzstück und abzweigender Zwischenschiene mit dazugehöriger Zunge.

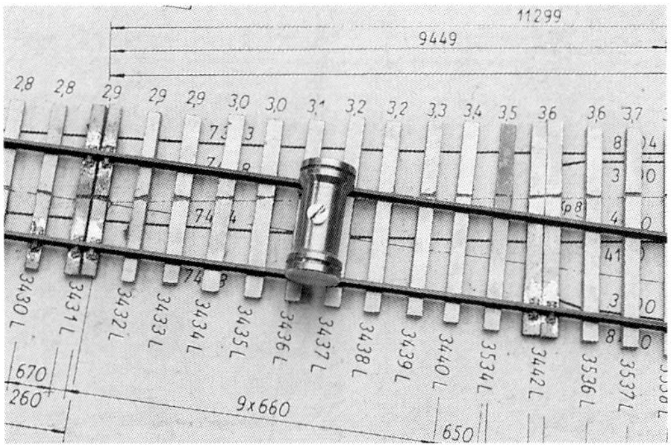

Nach dem Auslegen der Weichenschwellen aus Leiterplattenmaterial wird zunächst der gerade Strang fixiert. Die vorher auf die Schienen gefädelten Schienenstühlchen (Weinert) werden auf den Schwellen angeheftet, wobei mit einer Spurlehre (Hobby-Ecke-Schuhmacher) die Genauigkeit des Spurmaßes gewährleistet wird.

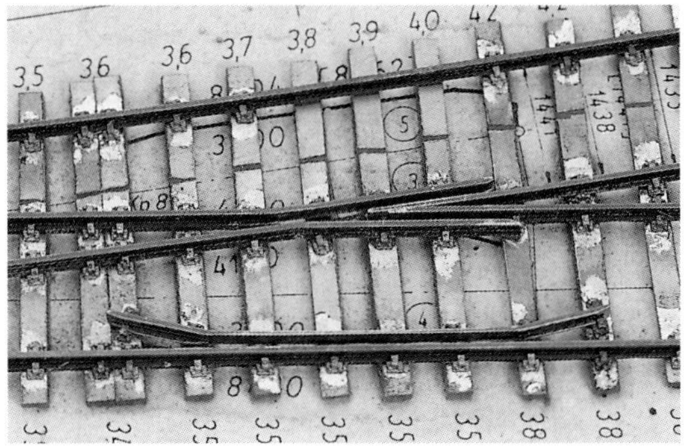

Herzstückkonstruktion mit engen Rillenweiten. Besonders bei der Anfertigung des Herzstücks und der dazugehörigen Flügelschienen muß äußerst genau gearbeitet werden. Die Verwendung einer professionellen Lehre (NMRA) ist dabei unumgänglich. Die »Stunde der Wahrheit« folgt mit dem Probelauf entsprechender Radsätze mit möglichst kleinen Raddurchmessern (damit man das evtl. Einfallen in die Schienenlücken besser beurteilen kann). An den Flügelschienen wurden die Weinert-Schienenstühlchen halbiert.

net werden. Das Aufkleben der Schwellen auf die Schablone erfolgt mit Zweikomponentenkleber. Durch eine Glasplatte o.ä. abdeckt und mit Gewichten beschwert, muß dieser Unterbau ca. 24 Stunden austrocknen.

Danach wird die Kupferschicht in Schwellenmitte durchtrennt, um Kurzschlüsse zwischen den später aufgelöteten Schienen zu vermeiden. Sorgsames Arbeiten ist wichtig, da sich beim Trennen Kupferspäne bilden, die den Schnitt wieder überbrücken. In dieser Phase sollten auch schon die Löcher für die späteren elektrischen Anschlüsse in die Schwellen gebohrt werden. Die leichte Ansenkung dieser Löcher auf der Kupferfläche ermöglicht das problemlose (und fast unsichtbare) Festlöten der Anschlußdrähte. An den Stellen, wo später das Kleineisen befestigt wird, werden die Schwellen mit feinem Schleifpapier oder einem Glasradierer blank geschliffen.

Am Stammgleis wird mit dem Anbringen des Kleineisens begonnen. Dazu werden die K-Oberbau-Imitationen an der Unterseite blank geschliffen, vom Gußbaum getrennt (Seitenschneider) und auf die Backenschiene des Stammgleises gefädelt. Das exakte Ausrichten der Schiene entscheidet über die Genauigkeit aller nachfolgenden Bauschritte. Ist das erfolgt, können die Hakenplatten mit sehr wenig Lötzinn auf den Schwellen festgeheftet werden. Der Radlenkerbereich bleibt dabei zunächst noch frei. Im Zungenbereich werden die Kleineisenplättchen mit Gleitstuhl (*Weinert*) von außen unter die Schiene geschoben und angeheftet. Nach dem Herausziehen des Schienenprofils können anschließend alle Schienenstühlchen fest verlötet werden, wobei darauf zu achten ist, daß sie nicht verschoben werden.

Das Herzstück wird am besten in einer aus Hartholz gefertigten Lehre gelötet, wobei das Einpassen der Haupt- und Beispitze sehr genaues Arbeiten erfordert. Mit der Spurlehre wird nun das Herzstück positioniert und die Kleineisenplatten festgelötet. Im Bereich der Flügelschienen wird die Herzstückspitze von gekürzten Gleitstuhl-Kleineisenplättchen getragen. Außerdem dienen diese der Befestigung der Flügelschienen. Die Flügelschienen werden zunächst mit den Zwischenschienen aus einem Stück hergestellt und erst später elektrisch getrennt. Zum exakten Abknicken an der Engstelle wird der Schienenfuß an der Außenseite des Knicks eingesägt (Laubsäge) und an der Innenseite mit einer Kerbe (Dreikantfeile) versehen. Anschließend wird die Zwischen- und Flügelschiene in gleicher Weise wie die Backenschiene befestigt, wobei die exakte Einhaltung der Spur- und Rillenweite zwischen Flügelschiene und Herzstück zu garantieren ist (Lehre).

Beim Vorbild wird die Federschienenzunge aus der Originalschiene S49 so herausgeschmiedet, daß sie im Bereich der Gleitstuhlplatten niedriger ist als im Vollprofil. Das kann im Modell nachbildet werden, indem eine Code-55-Schiene an die Code-70-Zwischenschiene anlötet und zur Zunge ausgearbeitet wird. Da dafür jedoch die Gleitstühle der *Weinert*-Platten zu niedrig sind, müssen auf diese Neusilberstreifen (0,3 mm) gelötet werden, um die Höhendifferenz der Schienen auszugleichen. Diese Prozedur hat gleichzeitig den Vorteil, daß die Backenschienen auch nach der Gleitplattenseite hin fixiert werden. Da die stumpfe Lötung zwischen Code-70- und Code-55-Profil den Belastungen der Stellbewegungen nicht gewachsen ist (beim Vorbild wird diese Stelle durch eine Lasche verstärkt), empfiehlt es sich, die Code-55-Zungen auf den ersten zwei Platten nach dem Stoß festzulöten. Die Federung des verbleibenden Zungenprofils reicht aus, um die Weiche zuverlässig stellen zu können. Alle anderen Schienen werden nicht mit den Schienenbefestigungen verlötet, weil sich die Schienen frei in ihnen bewegen lassen müssen (Dehnung). Wem die Herstellung dieser Zungenkonstruktion zu aufwendig erscheint, kann Flügelschiene, Zwischenschiene und Zunge (wie bei den *Pilz*-Weichen) aus einem Stück herstellen und die Federung durch Schwächung des Schienenfußes erreichen.

Zum Schluß werden alle Schwellen auf ihren Oberseiten zwischen den aufgelöteten Schienenbefestigungsplättchen mit Streifen aus 0,1 mm dickem Holzfurnier beklebt. Das gleicht die (gießtechnisch bedingte) relativ große Höhe der Kleineisenplättchen aus, verdeckt die Trennschnitte und Anschlußlöcher in der Kupferfolie und gibt den Schwellen nach entsprechender Farbbehandlung (Beize von *Asoa* oder *Reinershagen*) den Touch von alten Gleisen. Zum Anbringen einer Stellvorrichtung an der Weichenspitze werden in die verbreiterten Zungenfüße 0,4 mm große Löcher gebohrt, in die die Stellstange (2 x 0,3 mm Ms-Draht, halbhart) eingehängt wird. Diese Stellstange besteht aus zwei Drähten, die mittels Zweikomponentenkleber so miteinander verklebt werden, daß sie untereinander elektrisch isoliert sind. Schwarz gestrichen und im Stellkanal geführt, sehen sie sehr vorbildgetreu aus. Das Einschottern der Weichen geschieht nach der bekannten Technologie mit Gleisschotter (*Asoa*, *Reinershagen*) und Leim-Wasser-Spülmittel-Gemisch (Band 2 dieser Buch-Reihe).

»Schwellentuning« am Weichenanfang. Nachdem die Schienenstühlchen endgültig auf den Schwellen festgelötet wurden, werden die Schwellenoberflächen mit dünnen Holzplättchen beklebt.

Die hier geschilderte Anleitung zum Bau einer EW 49-150-1:6,6 Fsch (H) läßt sich auch auf alle anderen Weichenkonstruktionen übertragen. Der Bau ist auch auf Holzschwellen möglich, wenn die Schienenbefestigungen auf diese aufgeklebt (Zweikomponentenkleber) werden. Nachbildungen von K-Oberbaubefestigungen aus Kunststoff (H0) hat auch *Pilz/Tillig* im Angebot. Dort fehlen allerdings die Schienenbefestigungen mit Gleitplatten.

Gleissperren

Gleissperren sind eigentlich Anachronismen: Obwohl alles getan wird, Entgleisungen zu vermeiden und die Sicherheit der Fahrzeuge im Gleis zu erhöhen, sorgen sie dafür, daß die Fahrzeuge – wenn sie die Sperre im aufgelegten Zustand überfahren – mit Sicherheit entgleisen. Sinn dieser Einrichtung ist es, z.B. gefährliche Flankenfahrten zu verhindern. Bei einer Ausfahrt, z.B. aus einem Anschluß- oder Ladegleis, ist das Entgleisen des Fahrzeugs ein geringeres Übel als die Flankenfahrt in einen gerade auf dem Hauptgleis durchfahrenden Personenzug. Die Gleissperre ist mit dem Signal Gsp 0/1 niedriger Bauart ausgerüstet, welches die Lage des Entgleisungsschuhs anzeigt. Mißachtet ein Lokführer dieses Signal, wenn es das Gleis sperrt, klettert ein Spurkranz des Fahrzeugs auf den Schuh und wird durch eine Schräge aus dem Gleis hinausgeleitet. Diese »gezielte« Entgleisung geschieht immer in entgegengesetzter Richtung zum Hauptgleis, das geschützt werden soll.

Eine Gleissperre besteht aus einem stählernen Entgleisungsschuh (etwa 220 mm x 350 mm), der zur Seite geklappt werden kann. Die Drehachse befindet sich dabei in Höhe des Schienenfußes, so daß der Schuh im abgeklappten Zustand profilfrei außerhalb des Gleises liegt. Der Schwenkbereich liegt bei etwa 135°. Das Antriebsgestänge betätigt gleichzeitig auch das Gsp-Signal (beleuchtet oder unbeleuchtet).

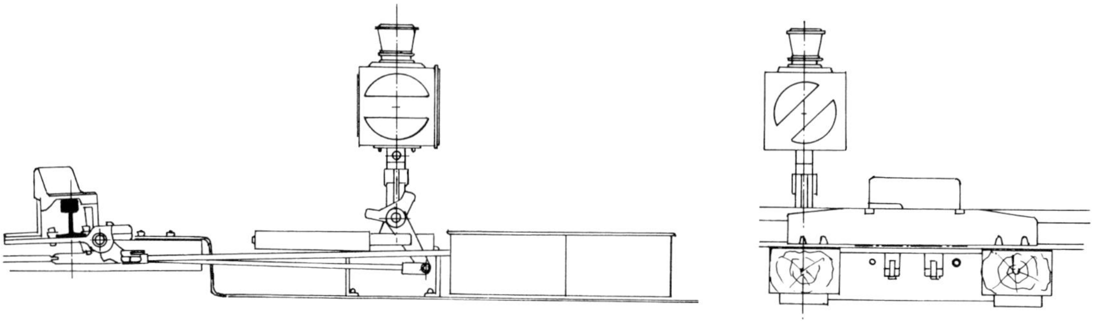

Stellvorrichtung für eine Gleissperre (Maßstab etwa 3:1 für H0).

Handbediente Gleissperre aufgelegt. Die im Bild gezeigte Gleissperre sperrt ein Abstell- oder Anschlußgleis, das sich in der Verlängerung nach rechts unten befindet. Werden nämlich aus diesem Gleis Fahrzeuge unbeabsichtigt über die Gleissperre gefahren, müssen sie nach rechts außen entgleisen. Daß sich die Gleissperre in dieser Lage in Grundstellung befindet, darauf weist die farbliche Kennzeichnung des Handstellgewichts hin (schwarz zeigt zum Boden).

Im aufgelegten Zustand stützt sich der Entgleisungsschuh auf einem Stahlwinkel ab. Damit die zur Entgleisung gebrachten Räder keine größeren Schäden am Gleis verursachen, sind dort, wo sie voraussichtlich entlangrollen, Holzbohlen montiert. Befindet sich der Antrieb an der dem Entgleisungsschuh gegenüberliegenden Gleisseite, ist der gesamte Stellkanal mit Bohlen abgedeckt. Die Grundstellung der Gleissperre ist »gesperrt«, in der sie verschlossen bzw. verriegelt ist. Das Signal zeigt dementsprechend Gsp 0. Der Umstellvorgang kann vor Ort (mit Stellhebel und Gewicht), über Drahtzugleitungen oder elektrisch erfolgen. Funktionsfähige Modell-Gleissperren bieten *Weinert* (H0) und *Repa* (0) an. Beides sind Bausätze und relativ leicht zu montieren. Der Selbstbau ist mit einfachen Mitteln zu bewerkstelligen. Für den Entgleisungschuh werden zwei Bleche (0,3 mm und 1 mm) zusammengelötet und als Drehachse dient ein 0,5 mm dicker Stahldraht, der in zwei auf den benachbarten Schwellen angeklebten Röhrchen geführt wird. Bei einem um 45° abgewinkelten und 3 mm langen Stellhebel genügt ein Stellweg von 4,5 mm, um den Schuh in eine abgeklappte Stellung zu bringen.

Montage einer H0-Gleissperre von Weinert in der Einbauphase. Die Konstruktion besteht aus sehr fein gegossenenen Messingteilen. Bei sorgfältigem Zusammenbau läßt sich der Entgleisungsschuh leicht um seine Achse klappen. Die Ansteuerung dazu erfolgt unterflur über eine Stellstange mit gabelförmigem Endstück (deutlich zu sehen). Die (beleuchtete) Laterne wird durch den Antrieb bewegt. Auf dem Bild ist ihre Lage noch nicht endgültig und befindet sich am Ende in der Flucht der oberen Schwelle. Zur Ansteuerung ist ein motorischer Antrieb empfehlenswert, damit die Sperre langsam abklappt.

4.4

Sonderkonstruktionen für Modellbahnen

Zählt man die Schmalspurweichen im Modell zu der Kategorie der Sonderweichen auf Modellbahnen, so ist das Angebot für die Nenngröße H0 beachtlich. Die Industrieweichen von *Bemo* (H0m, H0e), *Roco* (H0e), *technomodell* (H0e IIe) und *Tillig* (H0m, H0e) überzeugen alle durch gute Qualität und Funktion. Besonders groß ist das Angebot an Bausätzen von *Hobby-Ecke Schuhmacher*. Diese Konstruktionen werden ausschließlich mit Schienenprofilen Code 70 und Code 55 angeboten. Für die Nenngrößen TT und N ist das Angebot an Schmalspurgleisen und -weichen wesentlich kleiner.

Gleisverschlingungen sind im Modell sicher noch weniger notwendig als beim Vorbild. Dennoch ist diese ausgefallene Konstruktion ein besonderer Blickfang auf einer Anlage. Im Baustellenbereich an einer Brücke, die über eine mehrgleisige Strecke führt, kann mit solch einer Gleisverschlingung der Bahnbetrieb auf allen Gleisen aufrechterhalten werden, obwohl der Lichtraum unter der Brücke z.B. durch Gerüste stark eingeengt ist. Häufig sind Gleisverschlingungen auch bei Straßenbahnen zu finden, etwa, wenn die Strecke durch enge Gassen führt. Im Handel werden keine Gleiskonstruktionen dieser Art angeboten, so daß sie nur durch Eigenbau herzustellen sind. Verwendet werden Flexgleise, bei denen auf die Schwellen weitere Schienenbefestigungen (*Pilz/Tillig*, *Weinert*) geklebt werden. Die Herzstücke werden nach der Anleitung im Abschnitt 4.3 hergestellt und aufgeklebt oder mit Hakennägeln (*Hobby-Ecke Schuhmacher*) aufgenagelt. Wichtig ist die Installation von Sicherungseinrichtungen (Signale etc.), um Zusammenstöße im Bereich der Gleisverschlingung zu vermeiden.

Auch *Weichenverschlingungen* müssen selbst gebaut werden, ist doch eine solche Konstruktion abhängig von den örtlichen Gegebenheiten, so daß Standardlösungen nicht angeboten werden können. Erschwerend kommt hier noch hinzu, daß es in der Regel keine Vorlagen gibt, die als Schablonen zu verwenden wären.

»Fiddle-yard« ist eine besondere Art von Schatten- oder Abstellbahnhof. Dieser aus dem Englischen kommende Begriff heißt eigentlich »Geigen-Hof« und bezeichnet mehrere Möglichkeiten, Ganzzüge abzustellen.

Dreigleisiges fiddle yard als Zug-Segmentdrehscheibe. Die Einstellung kann auch motorisch und der elektrische Anschluß über Schleifkontakte erfolgen.

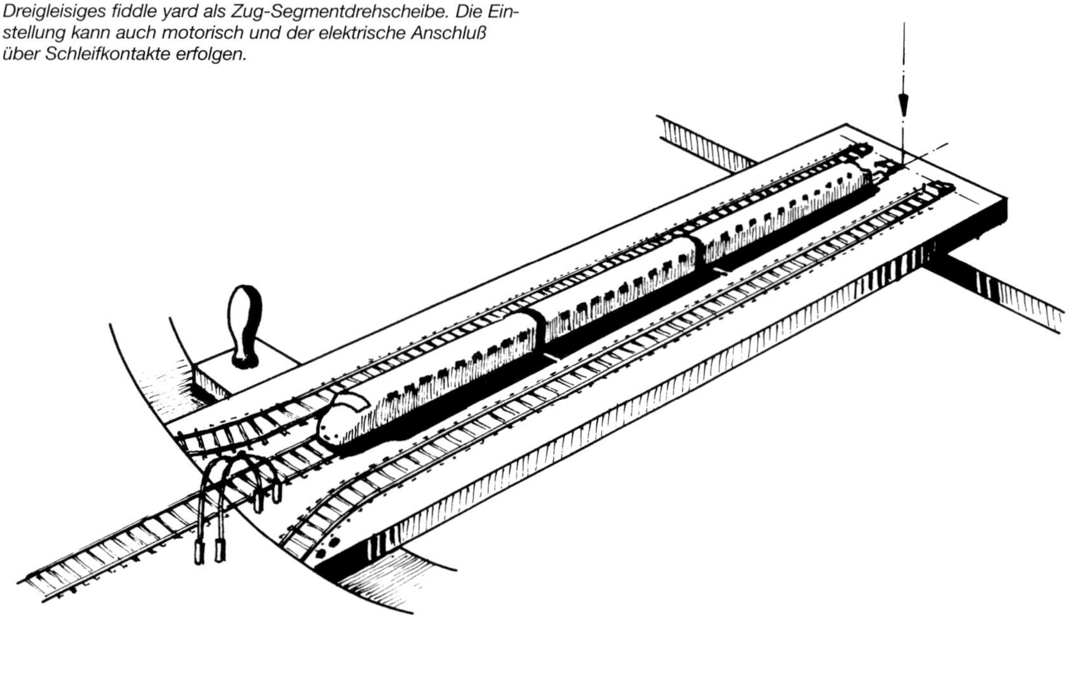

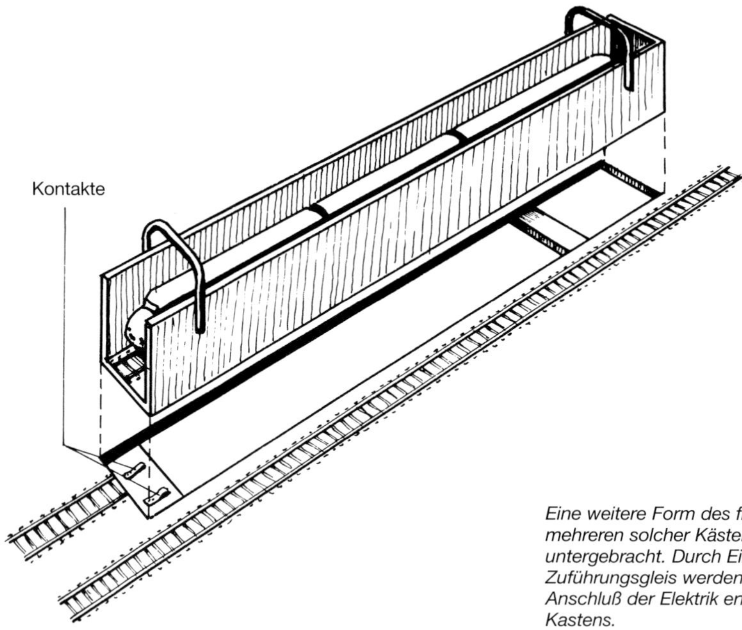

Eine weitere Form des fiddle yard ist der Einsatzkasten. In mehreren solcher Kästen werden verschiedene Zuggarnituren untergebracht. Durch Einsetzen des Kastens in ein verdecktes Zuführungsgleis werden die Züge auf die Anlage gebracht. Der Anschluß der Elektrik erfolgt hier über Kontakte am Boden des Kastens.

Die klassische Art des fiddle yard ist die Gleisharfe mit Verzweigungs- und Zusammenführungsweichen. Typisch für diese Art des fiddle-yards ist seine Anordnung ohne Landschaftsgestaltung zwischen oder hinter den Kulissen. Um jedoch Weichen zu sparen, entwickelte man einen fiddle yard in Form einer großen Segmentdrehscheibe. Diese wird aus einer entsprechend großen Tischlerplatte hergestellt, deren eine Schmalseite im Bogen (Mittelpunkt = Drehpunkt der Platte) geschnitten und an einen entsprechend geformten Anlagenausschnitt angepaßt wird. Je nach Bedarf werden drei bis sieben Abstellgleise (Länge entsprechend des längsten Zuges) auf dieser Platte befestigt, die an der Stirnseite exakt radial zum Anschlußbogen verlaufen müssen. Durch Verschieben (Schwenken) der Platte, so daß das jeweils gewünschte Abstellgleis am Anschlußgleis auf der Anlagenseite liegt, können Züge den fiddle yard befahren. Die elektrischen Verbindungen werden im einfachsten Fall durch flexible Steckerlitzen hergestellt. Der yard kann auch mit Hilfe einer Gewindespindel motorisch angetrieben und gesteuert werden.

Weitere Varianten des fiddle yards sind Einsatzkästen, die in einen Anschlußrahmen gestellt werden. Durch die offene Seite des Kastens können die Züge in den Kasten hineinfahren oder ihn verlassen. Ob nur ein Kasten existiert, der jeweils wieder neu bestückt wird oder mehrere (für jede Zuggattung), liegt im Ermessen des Anlagenbesitzers. Erwähnt werden soll noch die Möglichkeit, mehrere Zugkästen in einer Art »Paternosteranlage«, vertikal zu bewegen und auf Knopfdruck dem jeweiligen Anschlußgleis zuzuordnen. Der steuerungs- und maschienenbautechnische Aufwand einer solchen Konstruktion ist allerdings sehr groß.

4.5

Weichenantriebe

Der Begriff »Weichenantrieb« ist eigentlich irreführend. Angetrieben werden nur die Zungen der Weiche (in speziellen Fällen auch das Herzstück) und auch diese werden genaugenommen nicht »angetrieben«, sondern lediglich bewegt. Doch der Begriff hat sich eingebürgert, so daß daran nicht gerüttelt werden soll. Die Weichenzungen müssen paarweise und linear so verschoben werden, daß in der Endstellung stets eine Zunge an der Backenschiene an- und die andere abliegt. Dabei erfolgt diese Bewegung beim Vorbild nicht synchron, wie meistens bei der Modellbahn, sondern in drei Phasen:

- Ablegen der anliegenden Zunge
- gleichzeitiges Verschieben beider Zungen in Richtung der gegenüberliegenden Backenschiene
- Anlegen der anderen Zunge an die gegenüberliegende Schiene.

Mit einem Stellbalken, von dem aus zwei federnde Stahldrähte die Zungen einzeln bewegen, läßt sich dieser Vorgang auch im Modell simulieren. Dabei wird beim Umstellen zuerst die Federpannung der anliegenden Zunge reduziert. Nachdem beide Zungen parallel bewegt wurden, wird die nun anliegende Zunge durch Federspannung an die andere Backenschiene angepreßt.

In jedem Fall wirkt die Stellkraft in der Ebene der Schienenfüße der Weichenzungen. So ist es sinnvoll, die Stellmechanismen auch dort anzulenken. Ganz in diesem Sinne handeln die Hersteller, die ihre Weichen mit oberflurigen Antrieben ausrüsten und somit die Stellkraft in der Achse der Stellschwelle anlenken. Doch die voluminösen Antriebe stören vielfach den Gesamteindruck der Gleis-

Weichenantrieb mit Getriebemotor von Lux.
Über eine Schubstange und Schubstangenführungen (im Sortiment enthalten) können auch entfernte Weichen oder Gleissperren angetrieben werden. Zu empfehlen ist die Kraftübertragung in einer senkrecht stehenden Drehachse deren Prinzip im unteren Teil der Zeichnung dargestellt ist.

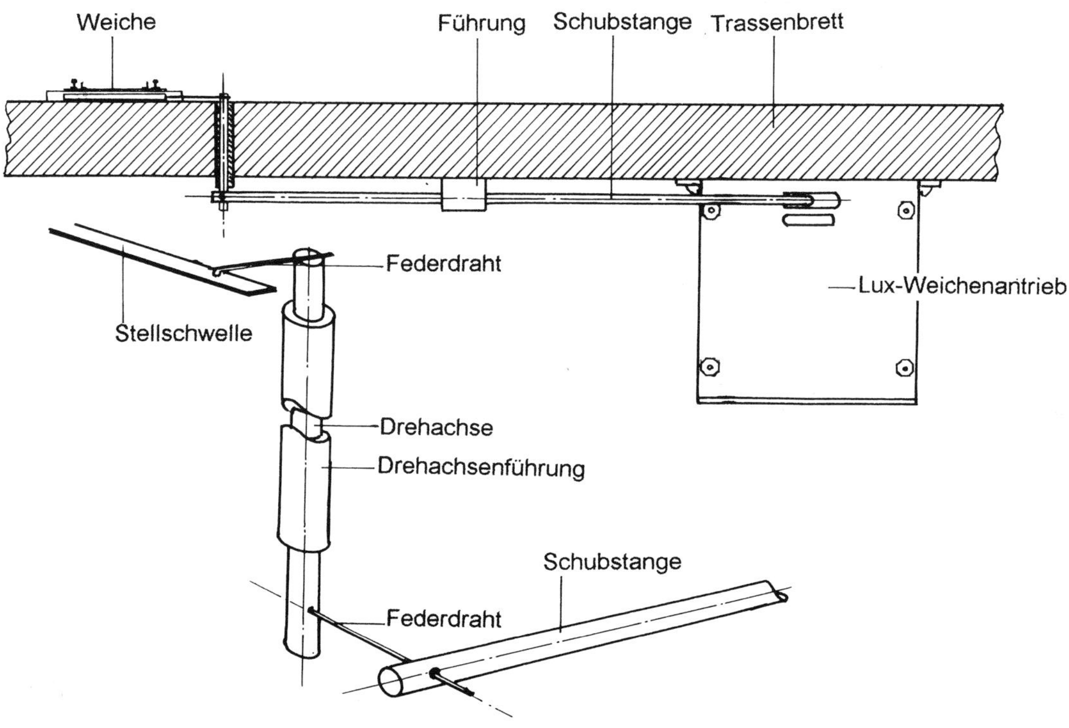

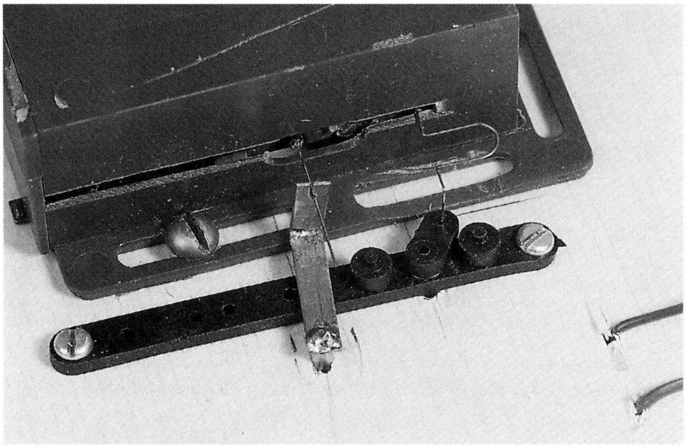

Umbau eines Pilz-Weichenantriebs. Wegen der veränderten Antriebskonzeption für Weichenantriebe wurde hier der motorische Antrieb von Pilz so umgebaut, daß der Abtrieb (in Form einer Stahlfeder) seitlich und nicht durch einen Schlitz im Trasssenbrett erfolgt. Über einen Winkelhebel wird dabei eine senkrecht stehende Stellwelle um 15° gedreht, deren Drehbewegung oberflurig zur Weichenumstellung genutzt wird. Auch die Stellvorrichtung für die Signalbewegung (Weinert) hängt an diesem seitlichen Antrieb.

Fast unsichtbarer Weichenantrieb. In der Ebene der Stellschwelle, die hier in einem U-förmigen Plastikprofil von evergreen läuft, wird die Drehbewegung einer Stellwelle (15°), die unterflur durch einen umgebauten motorischen Weichenantrieb von Pilz angetrieben wird, durch einen Federhebel in eine Schubbewegung umgewandelt. Das links unten sichtbare Rohrende ist die Hülse für das beleuchtete Weichensignal von Weinert.

anlagen, weshalb sie oft unter dem Trassenbrett montiert werden. Dabei können Kraftmomente (Kraftmoment = Kraft x Hebelarm) auftreten, die zum Verkanten der Anlenkmechanismen führen. Eine dicke Anlagenplatte führt dabei zu einem längeren Hebelarm, und somit zu einem größeren Kraftmoment. Deshalb wird empfohlen, die Anlenkung der Weichen in zwei Ebenen zu zerlegen: In der oberen Ebene steuert eine federnde Stellstange die Zungenbewegung und in der unteren Ebene der Antrieb eine senkrecht stehende Drehachse. Wenn diese Drehachse (Silberstahl ∅ 2 mm) leicht in einer Hülse (Ms ∅ 2 x 0,5 mm) geführt wird, können die Kräfte fast verlust- und momentenfrei übertragen werden. Die Justierung der Stellhebel und eine Federwirkung in den jeweiligen Weichenendstellungen wird durch horizontale Bögen aus Federstahl erreicht. Positve Nebeneffekte dieser Lösung sind der Wegfall großer Löcher in der Anlagenplatte unter den Weichenstellschwellen, die Möglichkeit, anstelle klobiger Stellschwellen vorbildähnliche Zungenverbindungsstangen verwenden zu können und die leichtere Anlenkung der sichtbaren Stellanlagen wie Weichenlaternen und Umstellgewichte bei Handweichen.

Weichenantriebe auf Modellbahn-Anlagen werden nach ihrer Antriebsart unterschieden in
- manuell betätigte Antriebe,
- pneumatische Antriebe und
- elektrische Antriebe.

Letztere werden nochmals unterteilt in elektromagnetische und elektromotorische Antriebe.

4.5.1 Handelsübliche Weichenantriebe

Die meisten handelsüblichen Weichenantriebe sind elektromagnetisch. Zwei Wicklungen aus Kupferdraht (Spulen) bewegen dabei abwechselnd einen Eisenkern hin und her, wodurch die Weichenzungen gestellt werden. Die einfache und preisgünstige Herstellung hat zu einer weiten Verbreitung dieser Antriebe geführt. Effektiv sind sie jedoch selten, da die Toleranzen aus technologischen Gründen relativ groß sind. Jeder zehntel Millimeter Luft mehr zwischen Spule und Eisenanker verringert die Stellkraft erheblich. Außerdem »sackt« der Anker nach: Wenn er nicht mechanisch in den Endstellungen verriegelt wird, kann er sich in der spannungslosen Spule frei bewegen und nicht die nötige Haltekraft aufbringen. Die Spulen jedoch ständig unter Spannung zu setzen, führt zu starker Erwärmung und der damit verbundenen Gefahr des Durchbrennens. Sie müssen also beim Erreichen der Anker- (bzw. Zungen-) Endstellung zuverlässig abgeschaltet und der Anker arretiert werden. Weiterhin verlangt der hohe Stromverbrauch dieser elektromagnetischen Antriebe (besonders im Moment des Einschaltens) nach einem leistungsstarken Transformator. Dennoch sprechen der unkomplizierte Aufbau, ein günstiger Anschaffungspreis und die Möglichkeit, ggf. Reparaturen selber auszuführen, für diese Art von Antrieben. Sogar der Eigenbau für eventuelle Speziallösungen ist unkompliziert.

Elektromagnetische Weichenantriebe sind meistens Oberflurantriebe, die fest oder lösbar mit der Weichenkonstruktion verbunden sind. Antriebe zum Nachrüsten hat *Roco* im Angebot. Der Bettungsweichen-Antrieb wird in der *Roco-line*-Bettung aus Weichplastik, der *Roco*-Universal-Unterflurantrieb unter dem Trassenbrett montiert. Vom gleichen Hersteller und von *Pilz/Tillig* gibt es oberflurig anklipsbare elektromagnetische Antriebe. Auch die Oberflur-Weichenantriebe von *Fleischmann*, *Märklin* und *Trix* werden auf diese Weise montiert. Bei den C-Gleis-Weichen von *Märklin* wird der Antrieb und der eventuell notwendige Digitaldecoder im Bettungskörper untergebracht. Weitere Anbieter von elektromagnetischen Weichenantrieben sind u.a. *Bemo*, *Repa* und *Peco*.

Weichenantriebe mit Elektomotoren haben in den letzten Jahren ein weites Verbreitungsfeld bei der Modelleisenbahn gefunden. Das hat seine Ursachen weniger in dem unbedingten Streben nach Vorbildtreue (fast 90% aller Weichen bei der DB AG werden durch Elektromotoren angetrieben), als in der Zuverlässigkeit des Antriebes und der Vielzahl an Schaltmöglichkeiten, die diese Antriebsform bietet. Außerdem braucht niemand Angst vor Untermotorisierung zu haben: Durch die große Untersetzung werden selbst geringe Motorkräfte in aus-

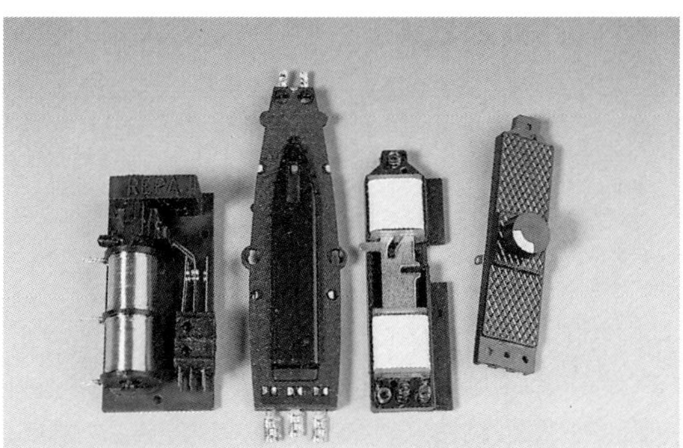

Einige elektromagnetische Weichenantriebe (Auswahl). Charakteristisch für diese Antriebsart sind die beiden Spulen, die wechselseitig einen Eisenkern anziehen damit die Stellbewegung auslösen. Durch zusätzlich angelenkte Kontakte, wie sie bei dem linken Antrieb (Repa) deutlich zu erkennen sind, werden Endabschaltungen, Rückmeldungen (Stellpult) und Polaritätswechsel der Herzstückregion geschaltet. Bei oberflurig angebrachten Antrieben ist außerdem eine Umstellung von Hand (zweiter von links und rechts) möglich.

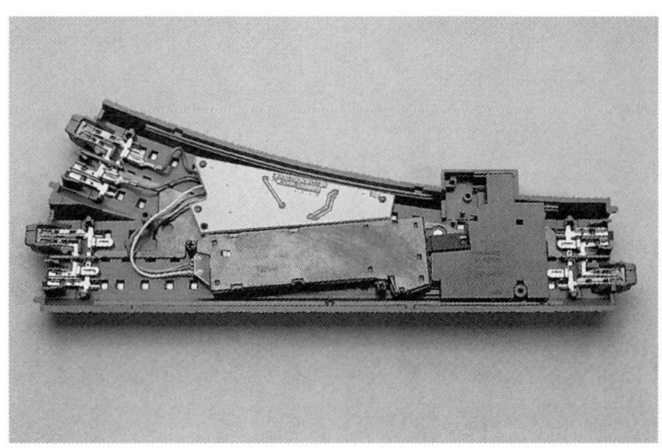

Neue Einblicke in das C-Gleis. Außerordentlich gut gelungen ist Märklin das neue C-Gleis. Der Blick in das Innere einer einfachen Weiche dieses Systems offenbart die einfache Anbringung des elektromagnetischen Weichenantriebs (schwarzer Metallkörper). Der Einbau eines Digital-Dekoders (hellbraune Leiterplatte) ermöglicht das Ansteuern der Weiche und entsprechende Rückmeldungen etc. ohne zusätzliche Leitungen.

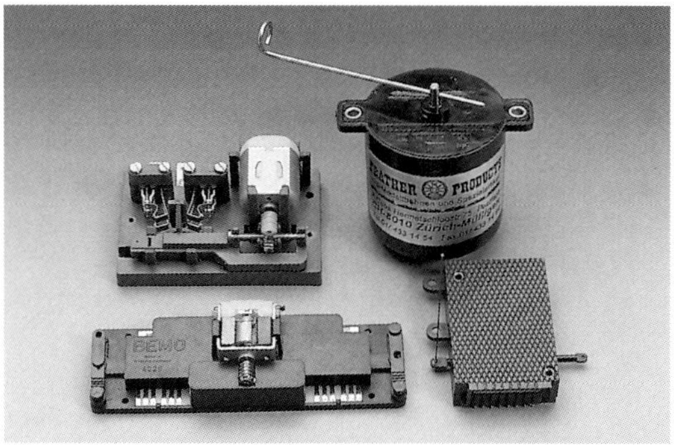

Eine Auswahl handelsüblicher motorischer Weichenantriebe. Konventionell und in ihrem Antrieb ähnlich sind sich die Antriebe von Bemo und Lemaco (links): Über ein Schneckengetriebe wird die drehende Bewegung der Motorwelle in eine lineare zum Bewegen der Weichenzungen umgewandelt. Mit diesem Schieber gekoppelte Kontakte bewirken die Endabschaltungen sowie die Polaritätsänderung des Herzstücks. Der Feather-Products-Antrieb (rechts oben) ist ein hochuntersetztes Getriebe, das bei Erreichen eines bestimmten Drehmoments stehen bleibt. Der Böhler-Antrieb (links unten) ist mit integrierten Relais ausgerüstet und wegen seiner flachen Bauart auch für oberflurige Montage geeignet.

Uhrwerksqualität beim Weichenantrieb von NMW. Diese Konstruktion ist äußerst zuverlässig und vielseitig verwendbar. So eignet sich der Antrieb sowohl für den Antrieb von Industrie-, Bausatz- oder Selbstbauweichen als auch für den Antrieb von Gleissperren und Signalen.

reichend starke Stellkräfte umgewandelt. Die am meisten verbreiteten motorischen Weichenantriebe kommen von *Bemo, Böhler, Feather, Fulgurex, Lemaco, Lux, NMW, Old Pullman, Pilz/Tillig* und *Hobby-Ecke Schuhmacher.*

Das Prinzip ist fast überall gleich: Ein Motor treibt über ein Schneckengetriebe eine Gewindespindel an, die eine Kulisse mit Innengewinde bewegt. Damit werden sowohl die Zungenbewegungen als auch die Endabschaltungen gesteuert. So funktionieren die Antriebe von *Fulgurex*, *Lemaco*, *Old Pullman* und *Pilz/Tillig*. Beim *Bemo*-Antrieb wird über einen Schnecken-Kulissenantrieb ein Schieber betätigt, der die lineare Bewegung in eine Drehbewegung umwandelt. Diese Drehbewegung wird schließlich tangential in die Schubbewegung der Zungenstellvorrichtung umgewandelt.

Die Antriebe von *NMW* und *Feather* nutzen die Motorkraft direkt. Während das bei *NMW* über ein hochuntersetztes Getriebe geschieht, ist die Stellvorrichtung des *Feather*-Antriebs direkt an der Welle angebracht. Bei Erreichen eines bestimmten Drehmoments (Stellkraft) bleibt der Motor stehen, ohne abgeschaltet werden zu müssen. Beim *Lux*-Antrieb bewegt eine hochuntersetzte Exzenterscheibe ein Schubstück (ähnlich einem Scheibenwischermotor). Die elektromotorischen Antriebe der Modellbahn-Industrie werden zwar speziell zum Antrieb der Weichen des jeweiligen Herstellers empfohlen, sind aber in ihrem Einsatz wesentlich freizügiger verwendbar als die elektromagnetischen Antriebe.

Manuell betätigte Weichenantriebe sind zwar preiswerte Alternativen zu den elektrischen, aber relativ selten im Handel zu finden. Bei ihnen werden durch Verschieben oder Drehen einer Stellvorrichtung die Weichenzungen umgestellt und dabei gleichzeitig mögliche Kontaktanschlüsse (Herzstückpolarität u.a.m.) mitgeschaltet. Bei einigen Modellbauern gilt es als Höhepunkt der Vorbildtreue, wenn per Hand das Weichengewicht umge-

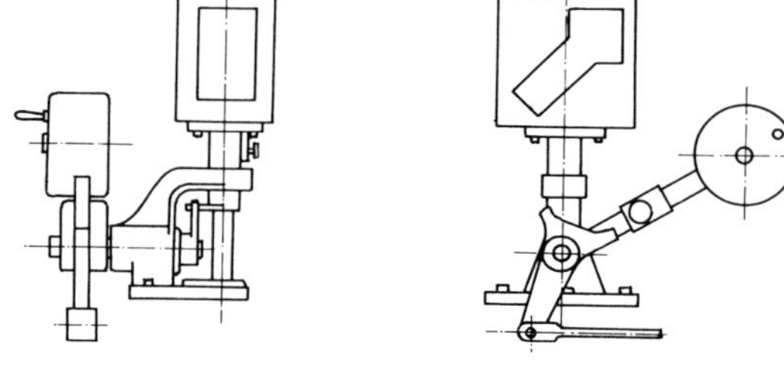

Weichenstellvorrichtung einer handbedienten Weiche (Maßstab etwa 1:3.5 für H0)

Oben: Meisterlich gestaltete Gleisbausituation auf einer H0 Anlage. Die im Bild sichtbare Rechtsweiche ist ein Exemplar aus dem Standardgleis-Programm von Pilz. bei genauem Hinsehen ist nämlich das Massivherzstück zu erkennen, das farblich geschickt getarnt wurde. Bemerkenswert sind auch die Milieu-Studien mit den Zuführungen der Drahtzugleitungen in Blechkanälen, der A-Mast mit Abstützung, die Stationierung und nicht zuletzt das Grezzeichen zwischen den abzweigenden Gleisen hinter der Weiche.

Unten: Bahnübergänge in Weichenherzstücken sind zwar eine Seltenheit, verboten sind sie jedoch nicht. Wichtig ist nur, daß die Rillenweite konsequent weitergeführt wird und die Auflaufbohlen (für evtl. herabhängende Kupplungen) nicht vergessen werden. Eine »Ausbohlung« der Zungenvorrichtungen mit einem Überweg ist allerdings nicht gestattet.

Oben: Abzweig einer Schmalspustrecke von einer normalspurigen Bahn. Solche Konstruktionen waren noch zur Dampflokzeit überall dort zu finden, wo Schmalspur- und Regelspurbahnen in einem Bahnhof zusammenliefen. Diese Abzweigung ist im Pilz-Programm zu finden. Beachtenswert sind die Alterung des Kleineisens und der extra langen Radlenker.

Unten: Unterflurantrieb, extra gekennzeichnet. Damit die Antriebsfedern der Unterflurantrieb auf der Großanlage dieses Modellbahnclubs leichter auszumachen sind, erhielten sie eine rote Plastikkuppe. Das verhindert einerseits das Abrutschen der Feder von der Stellschwelle, andererseits sind die Anschlüsse bei Störungen leicht zu finden.

Welches Fahrzeug fährt auf welchem Gleis? Diese Frage stellt sich oft, wenn Eisenbahnbetrieb auf Anlagen mit mehrschienigen Gleisen beobachtet wird. Sauber verlegte Gleise und Weichen gewährleisten die nötige Sicherheit, die solche komplizierten Gleiskonstruktionen erfordern.

Schmalspubahnromantik ist selten geworden. Die hier gezeigte Szene aus dem Sächsischen wurde mit H0e-Flex-Gleisen, Weichen und Unterflurantrieben von Roco nachgestaltet. Alles wurde mit Asoa-Schotter eingestreut und entsprechend gealtert.

Oben: Dreischienenweiche fast im Selbstbau. Die Gleise dazu stammen nämlich von Hobby-Ecke-Schuhmacher und wurden als Bausätze geliefert. »Fast«-Selbstbau war also angesagt, bei der aufwendigen Nagelei (pro Schwelle bis zu 10 Nägel) eine Geduldsfrage.

Unten: Das große Vorbild bietet jedem Modellbauer eine Fülle von Anregungen. Was man dabei alles entdecken kann, zeigt dieses Bild: Neben dem Antriebskasten und einem kleinen Kabelkasten waren in der Vorbildsituation noch diese knallgelben Kabelanschlußstellen inmitten des Schotters zu finden.

BER
P
L
L
15

Bertsdorf an der »Bimmel«. Der Bahnhof Bertsdorf ist ein wichtiger Knotenpunkt inmitten der schmalspurigen Strecke Zittau - Oybin - Jonsdorf in der Oberlausitz. Eine echte Attraktion ist hier ein zweigeschossiges Stellwerk, von dem alle Weichen und Gleissperren durch Drahtzugleitungen fernbedient werden. So auch die hier gezeigt Roco-H0e-Weiche, die der Bahnmeister gerade inspiziert.

Oben: Orts- oder fernbedient, das ist die Frage. Für die Nachgestaltung von Weichenantrieben gibt es zu den Lösungen der aufgeworfenen Frage nur noch eine Alternative: Ortsbedient. Doch auch das will nachgestaltet sein. So bleibt für die Nachbildung von fernbedienten Weichen nur die Darstellung von Kabelkanälen oder die von Drahtzugleitungen, freiliegend oder (wie im Bild) verdeckt in Röhren aus Blech.

Unten: Im Bereiche der Zungenauflage verwendet man die Schienenbefestigungen (Weinert) mit Gleitstühlen. Deutlich sind die mit einer Trennscheibe (Fohrmann) unterbrochenen Kupferschichten des Leiterplattenmaterials zu erkennen, wodurch eine leitende Verbindung zwischen den beiden Schienen verhindert wird. Später werden die Schwellen mit dünnen Furnierstreifen beklebt, wodurch eine vorbildgetreue Holzstruktur der Schwellen wieder hergestellt wird.

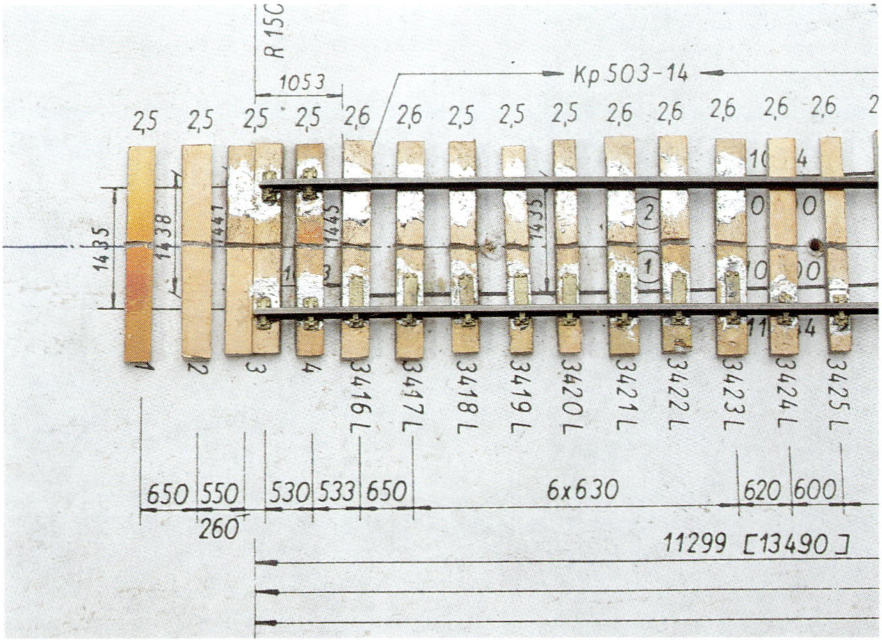

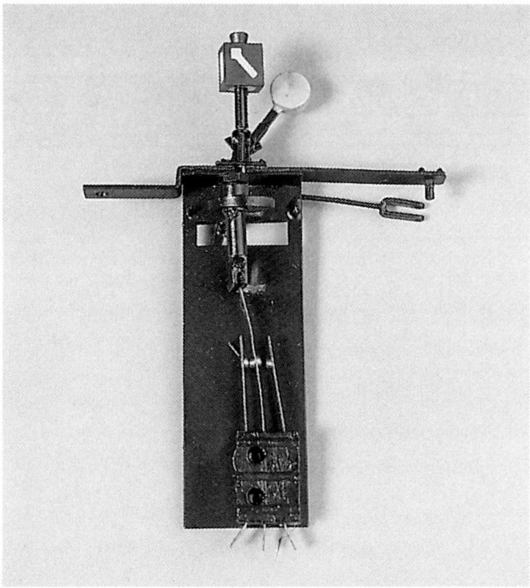

Weichenstellvorrichtung mit Handhebelgewicht in der Nenngröße 0. Zum vorbildlichen Umstellen von Weichen per Hand entwickelte Repa diesen Antrieb. Die Weichenlaterne kann beleuchtet werden. Damit man nicht auf die Umschaltung der Herzstückpolarisation verzichten muß, wird mit dem Umstellen auch gleichzeitig ein Umschaltkontakt betätigt.

legt werden kann und die Zungen dieser Bewegung folgen. Sicher ist das nur auf Anlagen möglich, die ausgesprochenen Kleinbahncharakter, eine geringe Tiefe (Module) und/oder wenige Weichen haben. Auch ist die Nenngröße H0 wohl die unterste Grenze, in der solche Handgriffe ohne Pinzette ausführbar sind. Für die Nenngröße 0 bietet *Repa* eine Handstellvorrichtung an, die sogar mit Umschaltkontakten (z.B. zur Herzstückumpolung) ausgerüstet ist.

4.5.2 Selbstbau von Weichenantrieben

Manuell betätigte Weichenantriebe werden auch wegen ihrer Zuverlässigkeit und Einfachheit beim Montieren und Bedienen geschätzt. Häufig anzutreffen sind dabei solche, bei denen Seil- oder Drahtzüge an den Anlagenrand geführt und dort mit Stangen oder Knöpfen betätigt werden. Die Endfestlegung der Weichenstellung geschieht auf verschiedene Arten. Die einfachste ist die mit zwei Holzkugeln, die in Schlitzbleche eingehängt werden. Eleganter ist die Betätigung der Seile oder Drähte mit Hilfe von Rundstahl- oder Messinggriffen, die mit Schlitzen versehen sind und durch Blechfallen arretiert werden. Ob Kugeln oder Griffe – beide können wie beim Vorbild farblich gekennzeichnet werden (z.B. Signale = rot, Weichen = blau), um Irrtümer zu vermeiden. Wichtig ist auch, daß die Weichenzungen in einer Grundstellung federnd festgelegt werden, aus der sie mit Hilfe der Seilzüge herausbewegt werden.

Pneumatische Antriebe werden häufiger verwendet, als man denkt. Sogar die Modellbahnindustrie verwendet diese Antriebsform, z.B. *Trix* bei einem Schrankenantrieb. Hauptteil eines solchen Antriebes ist ein Zylinder (z.B. Messingrohr mit 12 mm Innendurchmesser) in dem sich ein Kolben (Holz) dichtschließend, aber leichtgängig bewegt. Durch abwechselnde Zufuhr von Preßluft in den Zylinder wird der Kolben hin- und hergeschoben und stellt die Zungenvorrichtung um. Die Vorteile sind lautloses und weiches Arbeiten. Mit der Wahl der Kolbengröße kann man die Stellkraft verändern: Je größer der Kolbendurchmesser, desto geringer die benötigte Druckkraft. Die Luft kommt aus einem

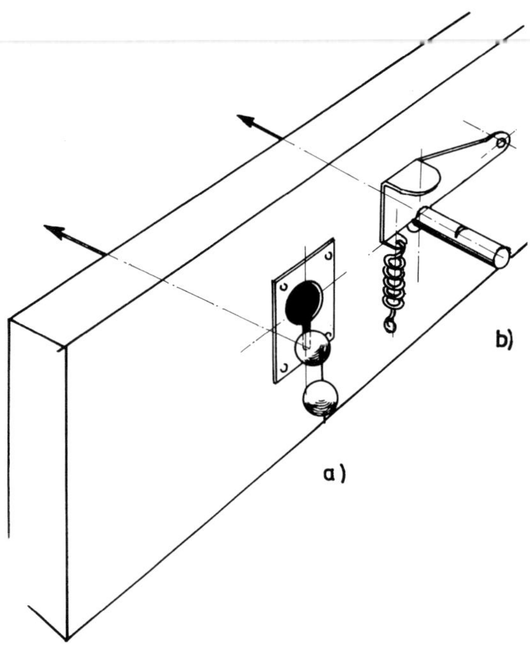

Manuelle Modellbahnweichenantriebe.
a) Mit Holz-(Plaste-)Kugeln in einer Schlitzlochführung. Das Festlegen der Weichen-Endstellung geschieht durch Einrasten der Kugeln vor dem Schlitz.
b) Mit einer Schubstange in einer Messinghülse (Rohr). Hier erfolgt die Weichen-Endfeststellung durch Einrasten einer Blechfalle in die Schlitze der Schubstange.

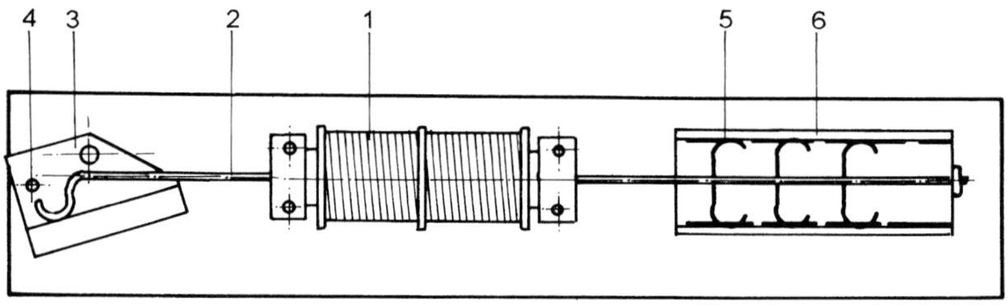

Weichenstellvorrichtung mit Tauchspulenmagnet
1 Doppelspulenmagnet (z.B. Ersatzteil), 2 Stellstange (Feder) (1 mm), 3 Stellwippe Ms 0,7 mm, 4 Stellstift (1 mm), 5 Kontaktfeder (0,3 mm), 6 Kontaktplatte (Leiterplatte, geätzt)

Behälter unter der Anlagenplatte, der regelmäßig mit einer Luftpumpe (Kompressor) gefüllt wird. Neben handelsüblichen Druckbehältern können aber auch alte Handfeuerlöscher, Autoschläuche oder leere Druckdosen für Airbrushing verwendet werden. Die Luftzuführung zu den Zylindern erfolgt über dünne Silikonschläuche. Für die Steuerung kommen manuell oder magnetisch betriebene Absperrventile in Frage.

Auch beim Selbstbau von Weichenantrieben kommen vorzugsweise elektromagnetische Systeme zum Einsatz. Spulen und andere Bauteile sind preisgünstig zu beschaffen und der Aufbau ist unkompliziert. Die Bauformen der elektromagnetischen Antriebe lassen sich auf zwei Grundkonstruktionen reduzieren: Die Tauchspulenkonstruktion und die mit festem Magnetkern. Tauchspulen werden häufig als Ersatzteile zu industriell gefertigten Weichenantrieben angeboten. Mit einem passenden Kern (Rundeisen) kann die Stellvorrichtung bewegt werden. Gleichzeitig ist das Schalten von Kontakten möglich, mindestens je ein Paar für die Spannungsabschaltung in den Endstellungen des Ankers (Endabschaltung) und eins für die Polaritätsänderung des Herzstückes. Der Einbau einer federnden Endverriegelung des Stellmechanismus ist zu empfehlen.

Konstruktionen mit festem Spulenkern werden häufig in Form von Postrelais preiswert angeboten. Vorteilhaft ist das Vorhandensein von Kontakten, die für diverse Schaltungen (z.B. Herzstückpolarität) genutzt werden können. Nachteilig ist hingegen, daß Postrelais meist keine Endabschaltungen haben und so ständig unter Spannung (zumindestens in einer Weichenstellung) gehalten werden müssen. Wenngleich Stromverbrauch und Spulenerwärmung dabei gering sind, kann die ständige Belastung der Spannungsquelle zum Problem

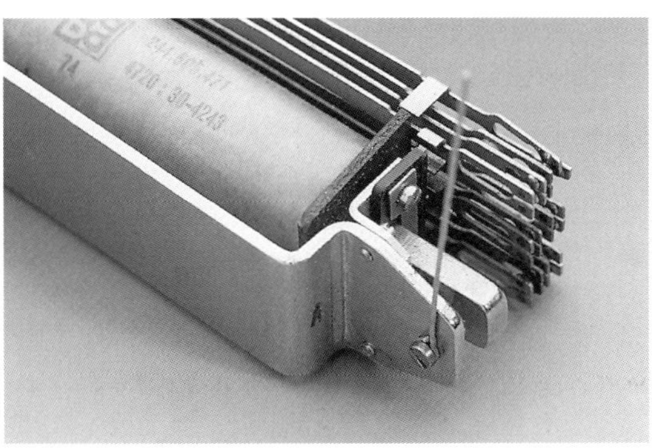

Postrelais als Weichenantrieb. Nach Entfernung der Abfallbegrenzung am Anker des Relais, reicht der Stellweg (etwa 5 mm) aus, um Weichenzungenvorrichtungen direkt umzustellen. Dazu wurde am Anker eine Stellfeder angeschraubt. Die Vielzahl der Kontaktsätze ermöglicht alle erforderlichen Schaltungen: Herzstückpolatität, Rückmeldung zum Stellpult und Spannungsversorgung für anschleißende Gleise.

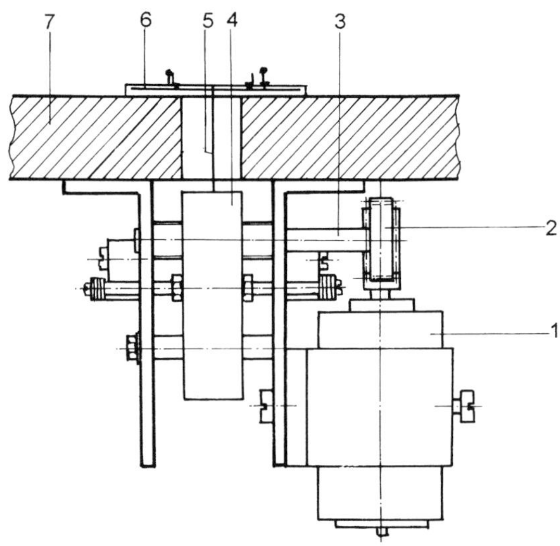

Elektromotorische Weichenstellvorrichtung
1 Getriebemotor, 2 Schneckengetriebe M 0,5, 3 Gewindespindel M 6, 4 Schiebestück (Pertinax), 5 Stellfeder (0,3 mm), 6 Weichen-Stellschwelle, 7 Trassenbrett

werden. Für die Weichenumstellung genügt meistens schon das Anlöten eines federnden Stahldrahts an den Kipphebel der Ankerführung.
Im Vergleich zu elektromagnetischen Antrieben sind die elektromotorischen verhältnismäßig teuer. Das ist auch bei selbstgebauten Antrieben der Fall. Weiterhin sind z. B. langsamer und leiser Lauf, hohe Stellkraft, geringer Stromverbrauch und die Möglichkeit, viele elektrische Kontakte anzusteuern, von Vorteil. Da diese Antriebe fast ausschließlich unterflurig angeordnet werden, spielt der Platzbedarf nur eine geringe Rolle, so daß selbstgebaute Antriebe nicht unbedingt im Microformat aufgebaut sein müssen. Zu empfehlen sind Schneckenantriebe (Modul 0,5) und mit Muttern ausgebuchste Kulissen aus Kunststoff. Für Schaltkontakte eignen sich Kontaktfedern aus hartem Bronzeblech (d = 0,1 mm), die auf geätzten Leiterplatten gleiten. Gehäuse, Motorbefestigungen und Staubschutzabdeckungen können aus hartem Sperrholz oder Kunststoff (ABS) hergestellt werden.

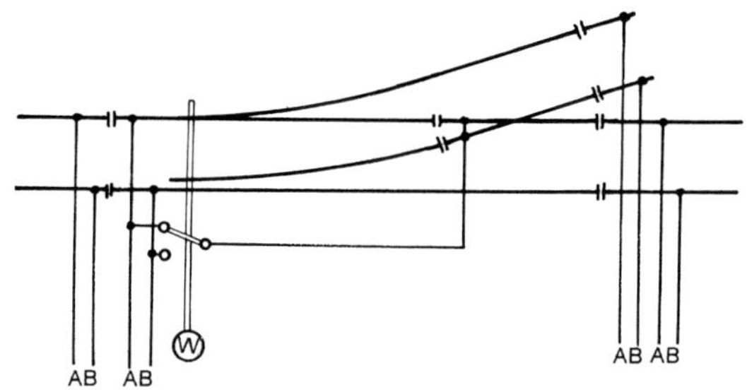

Schaltung einer einfachen Weiche (Zweischienen-Zweileiter-Prinzip).
Es wird die komplette elektrische Trennung der Weiche vom umliegenden Gleisfeld empfohlen, da so bei Störungen eine problemlose Demontage möglich ist. Die Umschaltung des Herzstückbereichs erfolgt in der Regel durch Zusatzkontakte an der Stellvorrichtung.

4.6 Elektrische Weichenschaltungen

Wenn es um die Spannungsversorgung von Weichen auf Modellbahnanlagen geht, müssen zwei Teilbereiche unterschieden werden:
- Die Spannungsversorgung der Weichenfahrbahn und
- die elektrischen Schaltungen der Weichenantriebe.

Elektrische Fahrbahnversorgung
Die Spannungsversorgung der äußeren Fahrschienen (Backenschienen) erfolgt meist am Weichenanfang durch leitende Schienenverbinder. Am Weichenende bzw. an den Schienen, die das Herzstück fortführen, wird die Spannungsversorgung schon kompliziert, weil das Herzstück – je nach Stellung der Zungenvorrichtung – unterschiedliche Polarität annehmen kann. Diese Probleme gibt es bei der Verwendung von Industrieweichen in der Regel nicht, da den Weichen stets ausführliche Betriebs- und Einbauanleitungen beiliegen. Modellbauer, die ihre Weichen selber oder aus Bausätzen bauen, müssen sich jedoch sehr eingehend mit der Stromversorgung der einzelnen Weichenabschnitte befassen, denn nirgendwo auf der Anlage gibt es so viele Kurzschlüsse und Kontaktschwierigkeiten wie auf Weichen!
Dabei ist die Spannungsversorgung bei einfachen Weichen noch überschaubar: Die äußeren Backenschienen werden an die Spannungen der angrenzenden Gleise angeschlossen und die Zungen, Zwischenschienen sowie das Herzstück erhalten wechselseitig ihre Spannung über die anliegende Zunge. Diesen Kontakt allein vom Anpreßdruck der Zunge abhängig zu machen, ist unsicher, weil nachlassende Federspannung und Verschmutzung im Zungenbereich sehr leicht zu Problemen führen können. Besser ist es, den gesamten inneren Bereich der Weiche über Kontakte, die vom Weichenantrieb geschaltet werden, mit Spannung zu versorgen. Eine elektrische Trennung ist dann nur noch hinter dem Herzstück nötig.
Weitere Probleme bei der Spannungsversorgung von Weichen können an den Zungen auftreten. Im vorstehend beschriebenen Fall werden beide Zungen, beide Zwischenschienen, die Flügelschienen und das Herzstück vom jeweils eingestellten Spannungspotential durchflossen. Kommt es jedoch im Bereich der abliegenden Zunge zur Berührung mit den (metallenen) Fahrzeugrädern, tritt ein Kurzschluß ein. Diese Gefahr besteht besonders dann, wenn die Spurrillen an den Zungen vorbildgetreu

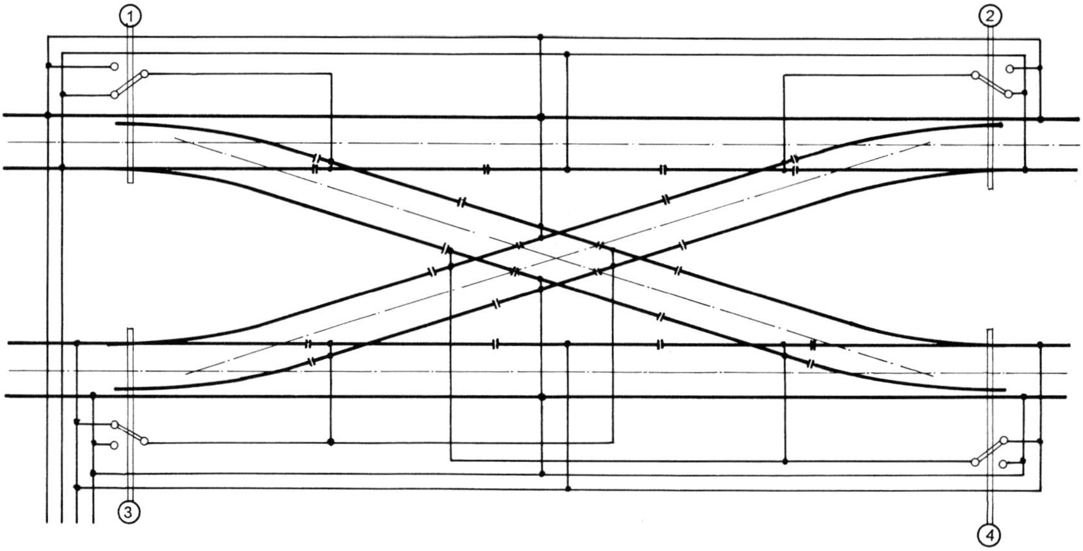

Schaltung einer doppelten Gleisverbindung im Zweileiter-Zweischienen-System. Die Polarisierung der einfachen Herzstücke in den Weichen und der Kreuzung geschieht über zusätzliche Kontakte an den Weichenantrieben. Die Polarität der Doppelten Herzstücke ist jedoch konstant abhängig von der Spannungsrichtung in den Fahrschienen.

eng (z_d = 2 mm) sind. In diesem Fall müssen die Zungen elektrisch von den Zwischenschienen getrennt und so über zusätzliche Kontakte geschaltet werden, daß die jeweils abliegende Zunge spannungslos ist.

Polaritätsänderungen von Herzstücken und Zungen spielen besonders bei Kreuzungsweichen eine große Rolle. Hier wird empfohlen, bei Unklarheiten streng didaktisch vorzugehen: Von einer einfachen Bleistiftskizze der Weiche erstellt man zwei Kopien, die untereinander auf ein Blatt geklebt werden. Entsprechend einer gewählten Fahrtrichtung werden die Schienen und Herzstücke farbig angelegt: Blau = Plus (rechts in Fahrtrichtung), rot = Minus (links in Fahrtrichtung). Dasselbe macht man für veränderte Fahrtrichtungen (jedoch mit den gleichen Farben) auf den darunterliegenden Kopien. Ändern sich die Farben gleicher Schienen, müssen diese über Kontakte abwechselnd polarisiert werden. Bleiben die Farben gleich, kann der entsprechende Schienenabschnitt fest mit der Spannungsversorgung verbunden (gelötet) werden. Wird die Zahl der umzuschaltenden Anschlüsse (etwa bei einer doppelten Kreuzungsweiche oder einer Weichenverschlingung) so groß, daß die Kontakte des Antriebes nicht ausreichen, müssen zusätzliche Relais (am besten bistabil) verwendet werden.

Generell wird empfohlen, die Weiche so auf dem Bettungskörper aufzubauen, daß sie aus dem Gleisfeld herausgenommen werden kann. Dazu

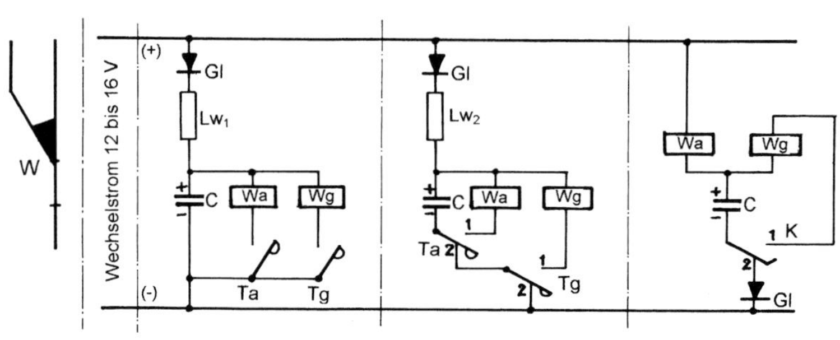

Steuerimpuls-Schaltung für Weichenmagnete durch Laden und Entladen eines Kondensators. C Elektrolytkondensator 500 µF/35 V, Lw1 Widerstand 200 Ω1 W, Lw2 Widerstand 50 Ω1 W, Wa Weichenmagnetspule abzweigend, Wg Weichenmagnetspule geradeaus, Ta Taster abzweigend, Tg Taster geradeaus, K Kippschalter, Gl Gleichrichter 30 V/0,2 A

werden alle elektrischen Anschlüsse durch die Anlagenplatte geführt und darunter an Lötleisten angelötet. Die Eindeutigkeit der Weichenschaltung wird durch eine exakte Beschriftung gewährleistet. So ist auch das spätere Anschließen zusätzlicher Kontakte oder Relais unproblematisch. Schließlich lassen sich mechanische Reparaturen an einer Weiche stets leichter durchführen, wenn sie aus dem Gleis herausgenommen wird.

Elektromagnetische Antriebe
Daß elektromagnetische Weichenantriebe besonders beim Einschalten viel Strom verbrauchen, ist bereits erwähnt worden. Dabei kann leicht die Leistungsfähigkeit der Spannungsquelle (Transformator) überschritten werden, wenn mehrere Antriebe gleichzeitig geschaltet werden (Gegenweichen in Gleisverbindungen, Fahrstraßen). Unzuverlässige Weichenstellungen oder Kurzschlüsse sind die Folgen. Abhilfe schafft hier die Abdeckung des hohen Einschaltimpulses durch den Einbau eines Kondensators. Dieser, etwa 500 µF große Elektrolytkondensator wird parallel zum Schalten der Magnetspule entladen und unterstützt den normalen Schaltstrom mit einer kurzzeitig fast doppelt so hohen Spannung. Müssen viele Weichen gleichzeitig geschaltet werden, kann ein gesondertes Impulsgerät sinnvoll sein, das alle Schaltvorgänge unterstützt.

Motorantriebe
Eine Spannungs- oder Impulsverstärkung ist bei elektromotorischen Antrieben nicht erforderlich. Der Anlaufstrom eines Elektromotors ist zwar auch etwas höher als der Stromverbrauch während des Dauerbetriebes, doch ist diese Spitze unerheblich und hat kaum Einfluß auf die Leistungsstärke der Spannungsquelle. Der Vorteil solcher Antriebe ist weiterhin, daß mehrere Weichen vorbildgetreu in Folge geschaltet werden können. Mit einem Kontakt auf der Kontaktbahn des zuerst betätigten Antriebes wird der nachfolgende eingeschaltet (usw.), so daß mit fast konstantem Stromverbrauch ganze Weichenstraßen dem einfahrenden Zug »entgegen« geschaltet werden können.
Die Schaltungen handelsüblicher elektromotorischer Antriebe sind meistens auf Schaltplatinen geätzt. Ausführliche Beschreibungen erläutern die richtige Verwendung des Antriebs. Wer seine Antriebe selber baut, muß dafür sorgen, daß der Motor nach dem Stellvorgang abgeschaltet und beim Neuanlauf umgepolt wird. Das kann mit Hilfe eines vierpoligen Umschalters erfolgen – zuverlässiger ist jedoch die Umschaltung mit Dioden und der Betrieb des Antriebes mit den Halbwellen einer anliegenden Wechselspannung.

Weichenrückmeldungen
Auf Weichenrückmeldungen in Form von optischen Anzeigen zum Bedienpult sollte man nicht verzichten. Nur auf Anlagen, bei denen die Weichenstellvorrichtung unmittelbar neben dem Gleis liegt (z.B. Nebenbahn-Module) und die Überschaubarkeit der Situation gegeben ist, sind Rückmeldungen nicht nötig. Eindeutig ist auch die Rückmeldung bei Weichen, die manuell gestellt werden. Die Position der Hebel oder Kugeln geben eindeutig die Weichenstellungen wieder. Hier seien die Stellpulte von *Pilz/Tillig* erwähnt. Ähnlich einem Hebelstellwerk kann anhand der Stellhebel die Lage der Weichen erkannt werden, wenn ihnen eindeutige Grundstellungen zugeordnet wurden.
Bei elektischen Stellvorrichtungen kommen zum größten Teil Kipp- oder Druckschalter zum Einsatz. Während die Stellung des Kippschalters die Lage der Weichenzunge signalisiert, ist bei Drucktastenschaltern in jedem Fall eine Rückmeldung mit Kontrollampen empfehlenswert. Auch hier kann viel

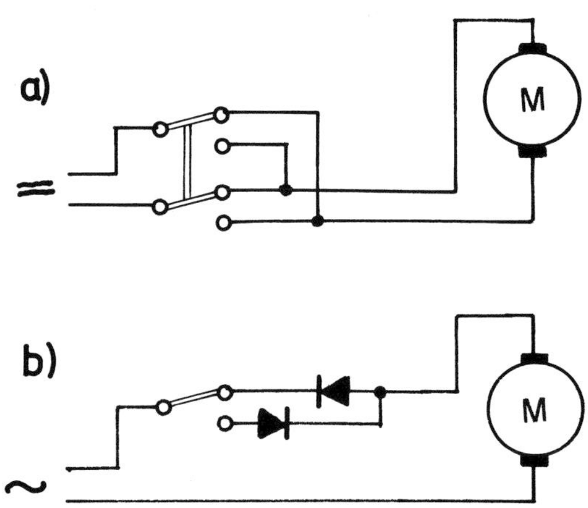

Schaltung für elektromotorische Weichenantriebe
a) Bei der Verwendung von Gleichspannung ist ein vierpoliger Umschalter (automatisch oder manuell bedienbar) erforderlich.
b) Steht eine entsprechende Wechselspannung zur Verfügung, können deren Halbwellen zur Motorsteuerung genutzt werden, wozu nur zwei Dioden erforderlich sind. Ein weiterer Vorteil dieser Schaltung liegt in dem – durch die Halbwellenschaltung hervorgerufenen – langsamen Lauf des Antriebsmotors.

Über 30 Jahre alt und noch nicht veraltet. Diese Stellpulte, die den Hebeln einer Hebelbank eines mechanischen Stellwerks nachempfunden wurden, stellte bereits 1960 die Firma Bach her. Sie sind heute noch im Sortiment von Pilz/Tillig zu finden. Neben der eindeutigen Weichenstellung (die eine elektrische Rückmeldung unnötig macht) hatten die Weichenstellhebel noch etwas Besonderes: Da die damaligen Weichenantriebe ohne Endabschaltung waren, fielen nach der Betätigung – und dem damit verbundenen Spannungsimpuls an die Magnetspulen – die Weichenhebel federnd in eine Vorstellung zurück und unterbrachen so den Schaltstrom.

Verdrahtungsaufwand gespart werden, wenn man die Halbwellen des Wechselstroms nutzt und Leuchtdioden installiert. Detaillierte Ausführungen zu elektrischen und elektronischen Schaltungen werden in einem späteren Band dieser Buchreihe zu finden sein.

Weichenrückmeldung par excellence. Besonders bei großen und schwer zu überblickenden Modellbahnanlagen ist die zuverlässige Rückmeldung der Stellung von entfernt liegenden Weichen wichtig. In der Regel geschieht das über elektrische Signallämpchen, wie auf diesem Stellpult für eine große N-Anlage. Erwähnenswert ist die exakte Darstellung des Gleisplanes als beleuchteter Spurplan.

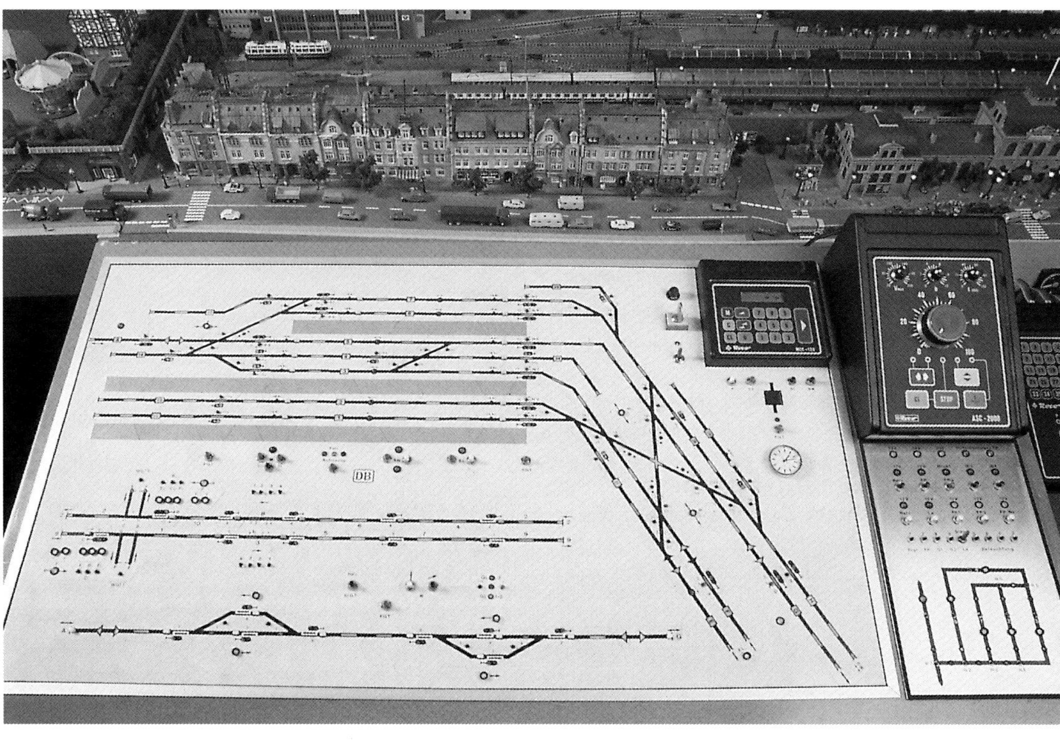

4.7 Weichensignale auf Modellbahnanlagen

Die Definition unter Punkt 3.5 sagt auch, wann Weichensignale auf Modellbahnanlagen zu montieren sind. Abgesehen von der Bedeutung für einen sicheren Betriebsablauf wirkt durch sie z.B. eine Weichenstraße eines Rangierbahnhofes erst vorbildgetreu. Problematisch ist das Beleuchten dieser Signale. Da aber die Bau- und Betriebsordnung (BO) weitgehend offen läßt, wann Weichensignale zu beleuchten sind, kann darauf auch verzichtet werden. Weichensignale sind nämlich auch beim Vorbild klein: Die Grundmaße sind 300 mm x 175 mm x 300 mm. Weil die Weichenlaternen früher mit Petroleumlampen beleuchtet wurden, kommt auf diesen Quader noch ein Schlot von etwa 120 mm. Da die Signale beweglich sein müssen, sind sie auf einem Weichenbock befestigt und werden durch die Fernbedienung (Drahtzug oder Elektromotor) oder bei Handbedienung durch das Umstellgewicht um 90° gedreht.
Weichenlaternen von Außenbogenweichen und Gleissperren haben wegen der Größe des Signalbildes einen Grundriß von 300 mm x 300 mm. Während die Weichensignale von EW, DW, BW (IBW und ABW) und EKW drehbar sind und am Weichenanfang stehen, sind die von DKW ortsfest und stehen seitlich in Weichenmitte. Die Maße dieser Signalkästen sind 520 mm x 520 mm bei einer Höhe von 700 mm. Verstellbar sind hier nur Blechflügel, die die nicht gültige, leuchtende Signalflächen entsprechend der Weichenstellung verdecken.
Die Herstellung von Weichensignalen ohne Beleuchtung ist einfach. Die Laternenkörper bestehen dabei meistens aus geschliffenen Holz- oder Kunststoffklötzchen, die entsprechend bemalt werden. Für beleuchtete Signale müssen kleine Kästchen angefertigt werden, die mit Microlampen oder indirekt (Lichtleitkabel) beleuchtet werden. Die Herstellung dieser Signalkästen erfolgt häufig als Abwicklung aus dünnem Messingblech (0,3 mm) im Ätzverfahren. Wird eine Glühlampe verwendet, muß das Laterneninnere weiß ausgekleidet oder gestrichen werden. Bei indirekter Beleuchtung genügt ein Quader aus weißem Kunststoff.
Im Handel sind sehr gute Weichenlaternen mit allem Zubehör, wie Weichenbock, Stellgewicht und Trageisen sowie Stell- und Beleuchtungseinrichtungen von *NMW* und *Weinert* im Angebot. Auch *Roco* bietet beleuchtete Weichensignale (jedoch ohne Weichenbock) an. Von *Repa* kommen beleuchtete und unbeleuchtete Weichenlaternen (mit Weichenbock).

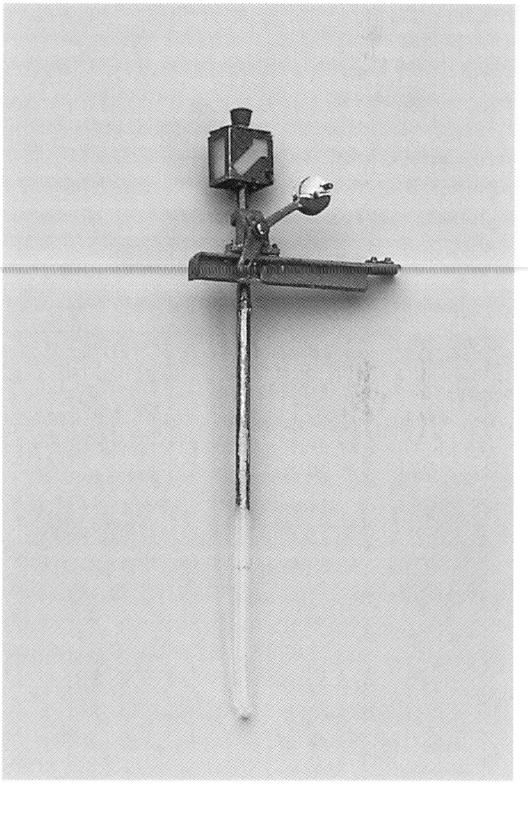

Beleuchtete und stellbare Weichenlaterne in der Nenngröße H0. Dieses Erzeugnis der Firma Weinert ist seit Jahren zu einem wichtigen Bestandteil auf vorbildgetreu gestalteten Modellbahnanlagen geworden. Durch den lichtleitenden Plastikstab erhält der Laternenkörper ausreichend Licht, um im Nachtbetrieb erkennbar zu leuchten. Den Stellmechanismus gibt es für fern- und – wie hier – für ortsbediente Weichen.

Normen Europäischer Modellbahnen

Gleisabstände

NEM 112

Empfehlung — **Maße in mm** — Ausgabe 1985

1. Dieses Normblatt dient als Hilfsmittel
   - zur Bestimmung des Mindestgleisabstandes im Bogen aufgrund der Länge vorhandener Fahrzeuge,
   - zur Prüfung, ob Fahrzeuge bestimmter Länge auf Gleisanlagen, deren Gleisabstände im Bogen bekannt sind, eingesetzt werden können.

2. Die Abstände **gerader** Regelspurgleise — gemessen von Gleismitte zu Gleismitte — sollen die in der Tabelle dargestellten Werte nach Möglichkeit nicht unterschreiten.

	Z	N	TT	H0	S	0	I
Auf freier Strecke	19	25	34	46	63	89	125
In Bahnhöfen	21	28	38	52	71	103	141

3. Im **Bogen** muß der Gleisabstand vergrößert werden. Die anzuwendenden Mindestgleisabstände sind der folgenden Tabelle zu entnehmen, die jeweils nach den Wagengruppen A, B und C entsprechend **NEM 103** untergliedert ist. Das für die Wagengruppe A angegebene Maß soll nach Möglichkeit nicht unterschritten werden, auch wenn keine Drehgestellfahrzeuge vorhanden sind.

   Der angegebene Gleisabstand muß bereits am Bogenanfang in voller Höhe vorhanden sein.

Tabelle der Gleisabstände

Nenngröße →	Z			N			TT			H0			S			0			I		
Radius des **inneren** Gleisbogens	Wagengruppen																				
	A	B	C	A	B	C	A	B	C	A	B	C	A	B	C	A	B	C	A	B	C
175	21	23	25	31	/	/	/	/	/	/	/	/	/	/	/	/	/	/	/	/	/
200	20	22	24	30	33	/	/	/	/	/	/	/	/	/	/	/	/	/	/	/	/
225	19	21	23	29	32	35	/	/	/	/	/	/	/	/	/	/	/	/	/	/	/
250	19	20	22	28	31	33	40	/	/	/	/	/	/	/	/	/	/	/	/	/	/
275	19	20	21	27	30	32	39	44	/	/	/	/	/	/	/	/	/	/	/	/	/
300	19	19	21	27	29	31	38	42	46	/	/	/	/	/	/	/	/	/	/	/	/
325	19	19	20	26	28	30	37	41	45	57	/	/	/	/	/	/	/	/	/	/	/
350	19	19	20	26	28	29	36	40	43	55	62	/	/	/	/	/	/	/	/	/	/
400	19	19	19	25	27	28	35	38	41	53	59	64	/	/	/	/	/	/	/	/	/
450	19	19	19	25	26	27	34	37	40	51	57	61	76	/	/	/	/	/	/	/	/
500	19	19	19	25	25	26	34	36	38	50	55	59	74	83	/	/	/	/	/	/	/
550	19	19	19	25	25	26	34	35	37	49	53	57	72	80	88	/	/	/	/	/	/
600	19	19	19	25	25	26	34	34	36	48	52	55	70	78	84	116	/	/	/	/	/
700	19	19	19	25	25	25	34	34	35	46	50	52	67	74	80	110	125	/	/	/	/
800	19	19	19	25	25	25	34	34	34	46	48	50	65	71	76	106	119	130	/	/	/
900	19	19	19	25	25	25	34	34	34	46	47	48	64	68	73	103	114	123	154	/	/
1000	19	19	19	25	25	25	34	34	34	46	46	47	63	66	70	100	110	118	149	166	/
1200	19	19	19	25	25	25	34	34	34	46	46	46	63	64	67	96	104	111	142	155	169
1400	19	19	19	25	25	25	34	34	34	46	46	46	63	63	64	93	99	105	136	147	159
1600	19	19	19	25	25	25	34	34	34	46	46	46	63	63	63	91	96	101	132	141	151
1800	19	19	19	25	25	25	34	34	34	46	46	46	63	63	63	89	93	98	129	137	145
2000	19	19	19	25	25	25	34	34	34	46	46	46	63	63	63	89	91	95	126	133	140
2500	19	19	19	25	25	25	34	34	34	46	46	46	63	63	63	89	89	90	125	126	132
3000	19	19	19	25	25	25	34	34	34	46	46	46	63	63	63	89	89	89	125	125	126

MOROP

Normen Europäischer Modellbahnen

Schienenprofile und -laschen

NEM 120

Seite 1 von 1

Empfehlung **Maße in mm** **Ausgabe 1993**

(ersetzt Ausgabe 1980)

Schienenprofile

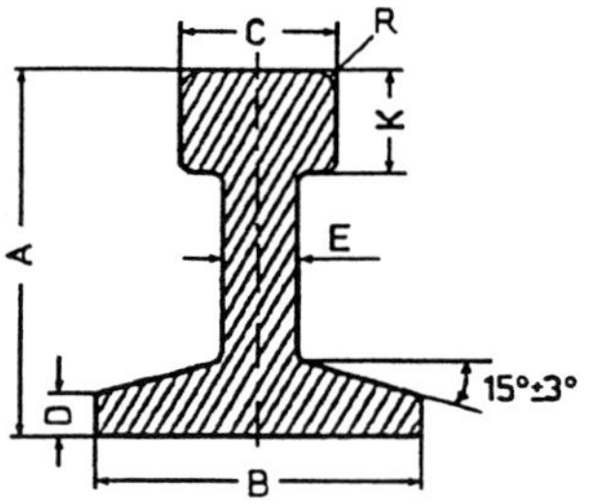

Maßtabelle

Benennung 1)	A 1)	B 2)	C 2)	D_{max}	E 2)	K 2)	R_{max}	Code 3)	Vorzugsweise für Nenngröße 7) 4)	5)	6)
Profil 50	$5{,}0^{+0{,}3}$	4,5	2,3	0,6	1,2	1,3	0,4	208	I		
Profil 42	$4{,}2^{+0{,}3}$	3,8	1,9	0,5	1,0	1,1	0,35	172		I	Im/e
Profil 35	$3{,}5^{+0{,}3}$	3,2	1,6	0,4	0,8	0,9	0,3	148	0	0m	Ie
Profil 30	$3{,}0^{+0{,}2}$	2,7	1,3	0,35	0,7	0,8	0,25	125		0	0m/e, Ii
Profil 25	$2{,}5^{+0{,}2}$	2,2	1,1	0,3	0,6	0,6	0,2	100	S; H0	Sm	0e
Profil 20	$2{,}0^{+0{,}2}$	1,8	0,9	0,25	0,5	0,55	0,2	83	H0, TT	S, H0m	Sm/e, 0i
Profil 18	$1{,}8^{+0{,}1}$	1,6	0,8	0,25	0,4	0,5	0,15	70	TT, N	H0, TTm	H0m/e, Si
Profil 14	$1{,}4^{+0{,}1}$	1,3	0,7	0,2	0,4	0,4	0,15	55	N, Z	TT, N, Nm	TTm/e, H0i
Profil 10	$1{,}0^{+0{,}1}$	0,9	0,5	0,2	0,3	0,35	0,1	40	Z	Z	Nm

Anmerkungen

1) Das Profil wird mit einer Zahl bezeichnet, die das Zehnfache der Nennhöhe in Spalte A in mm ausdrückt.
2) Empfohlene Richtmaße
3) Vergleichbar mit dem NMRA-Profil Code ... nach RP 15.1
4) bei der Nachbildung moderner Hauptbahnen
5) bei der Nachbildung von Hauptbahnen früherer Epochen und Nebenbahnen sowie Schmalspurbahnen der Epochen IV und V
6) bei der Nachbildung sonstiger Schmalspurbahnen
7) Sind für eine Nenngröße mehrere Profile genannt, ist bei Neuentwicklungen das jeweils kleinere Profil anzustreben

Bei der Schienenbefestigung ist das Maß H nach NEM 310 zu beachten!

Schienenlaschen

Schienenlaschen können verschiedene Formen haben; die Abbildung zeigt ein Ausführungsbeispiel.

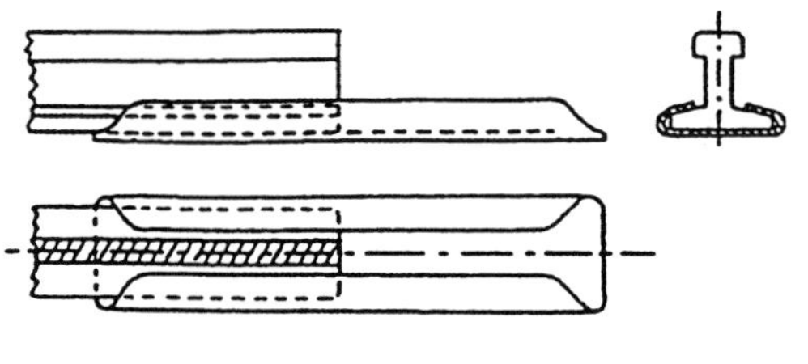

Die Laschen müssen eine sichere mechanische und erforderlichenfalls elektrische Verbindung gewährleisten und den Sicherheitsanforderungen entsprechen.
Die Länge der Laschen soll etwa das Vierfache der Schienenhöhe betragen.
Befestigte Laschen sind jeweils an der linken Schiene (von der Mitte des Gleistückes aus gesehen) anzubringen.

MOROP	Normen Europäischer Modellbahnen **Weichen und Kreuzungen mit festen Herzstücken**	**NEM 124** Seite 1 von 1

Verbindliche Norm — **Ausgabe 1994** (ersetzt Ausgabe 1984)

1. Herzstückbereich

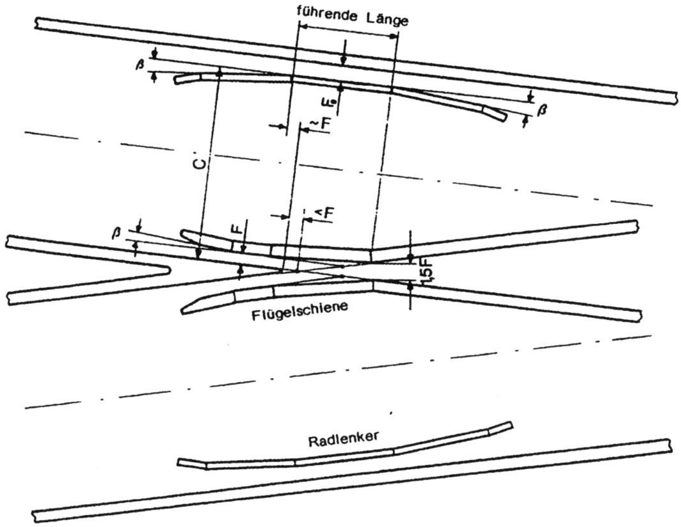

2. Zungenbereich

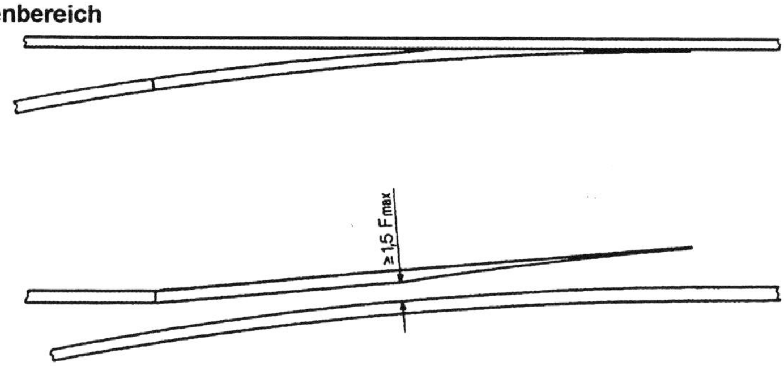

3. Erläuterungen

1. Die Maße C, F und F_0 sind NEM 310 zu entnehmen.
2. Die Radlenker müssen sicherstellen, daß das innere Rad bis über die tatsächliche Herzstückspitze hinaus geführt wird. Für die Einlaufbereiche - Radlenker, Flügelschiene - gilt für β ein Richtwert von 5°. Bei flachen Weichenneigungen können Vorbildmaße angestrebt werden; dabei darf jedoch der verhältnismäßig stark schräg stehende Radsatz langer Fahrzeuge nicht klemmen.
3. Die Radlenker dürfen nicht über die Schienenoberkante hinausragen.

Normen Europäischer Modellbahnen

Feste Doppelherzstücke gerader Kreuzungen

NEM 127

Verbindliche Norm — **Maße in mm** — Ausgabe 1980

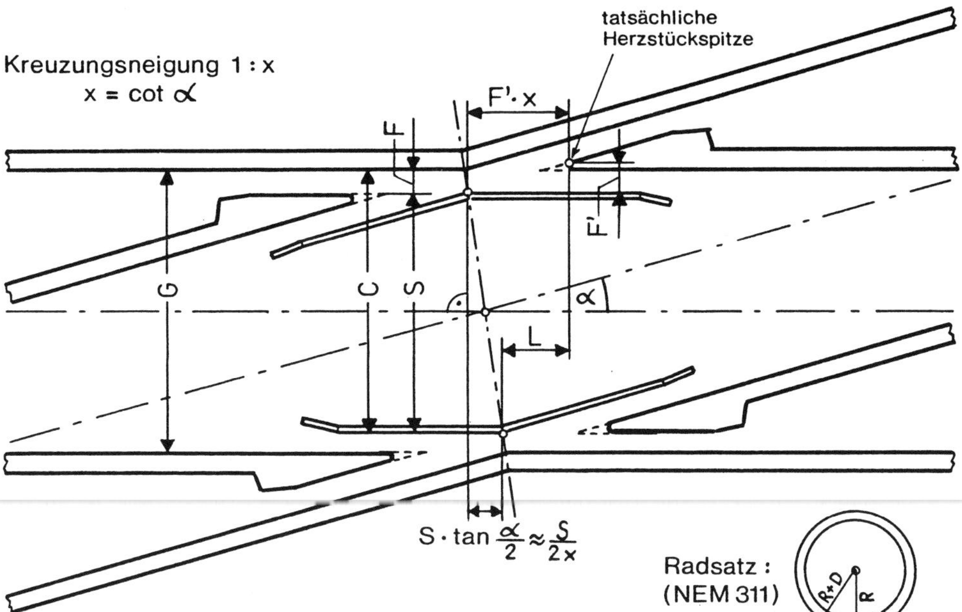

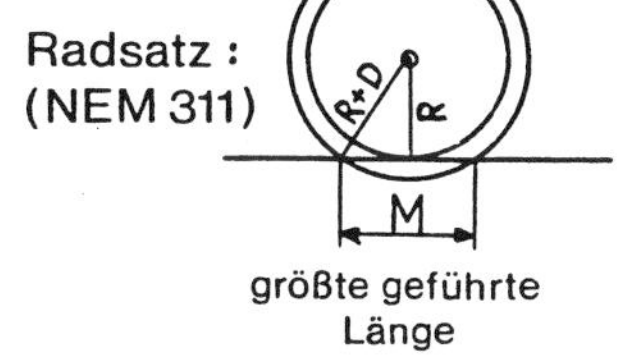

Führungslose Länge: $L \approx F' \cdot x - \frac{S}{2x}$

Bezüglich der Maße G, C, S und F siehe NEM 310.

Bei Kreuzungen und Kreuzungsweichen sind zur Reduzierung der führungslosen Länge L die Grenzmaße S_{max} und F_{min} anzustreben.

Empfohlene Maße:

Spurweite G (Nennwert)	S_{max} 1)	F_{min} 2)	C_{min} 1)	G 3)	Erläuterungen:
6,5	5,2	0,7	5,9	6,6	S + F = C
9	7,3	0,8	8,1	8,9	F + C = G
12	10,1	0,9	11,0	11,9	(siehe NEM 310)
16,5	14,1	1,1	15,2	16,3	
22,5	19,5	1,4	20,9	22,3	
32	28,0	1,9	29,9	31,8	
45	39,3	2,5	41,8	44,3	

Anmerkungen

1) Nach NEM 310.
2) Nach NEM 310 berechnet.
3) Die Abweichung vom Nennwert ist wegen des geraden Durchlaufs unbedenklich.

Ist die führungslose Länge im Herzstück größer als die tatsächlich geführte Länge des Radsatzes, besteht die Gefahr des Ausbrechens, vor allem bei Kreuzungswinkeln unter etwa 10°.

Normen Europäischer Modellbahnen

Radsatz und Gleis

NEM 310

Verbindliche Norm | Maße in mm | Ausgabe 1977

Diese Norm ist Grundlage für die Prüfung von Gleisen, Weichen und Kreuzungen einerseits, Rädern und Radsätzen anderseits. Nach NEM hergestellte Modellbahnen müssen dieser Norm entsprechen. Die NMRA-Normen S 3, S 4 und die NMRA-Empfehlung RP 25 wurden soweit wie möglich berücksichtigt.

Die Maße weichen von der maßstäblichen Verkleinerung des Vorbildes im Interesse der Betriebssicherheit ab.

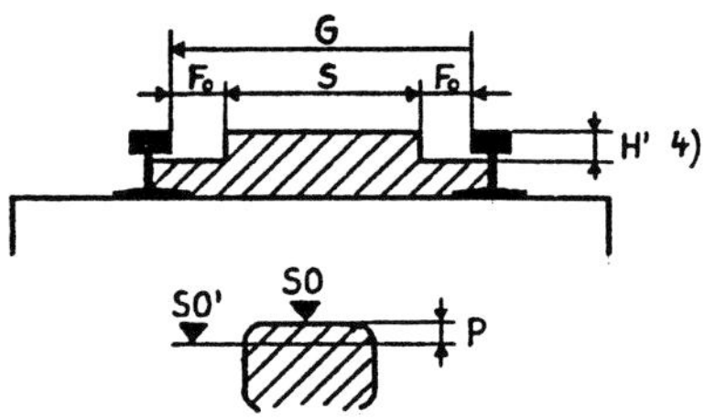

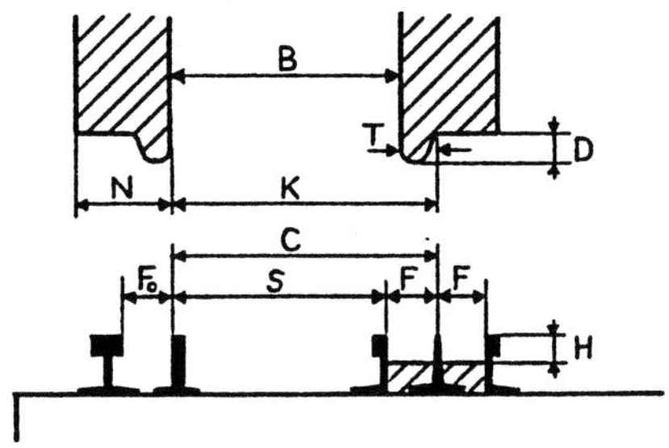

SO = Schienenoberkante
SO' = Meßebene für alle waagrechten Maße dieser Norm

Maßtabelle für		Gleis				Radsatz		Rad				
Spurweite G [1] Nennwert	max	**C** [2] min	**S** max	**F** [3] max	**H** [4] min	**K** max	**B** min	**N** [5] min	**T** min	**T** max	**D** [6] max	**P**
6,5	6,8	5,9	5,2	0,75	0,6	5,9	5,25	1,55	0,41	0,46	0,6	0,1
9	9,3	8,1	7,3	1,0	0,9	8,1	7,4	2,2	0,5	0,6	0,9	0,15
12	12,3	11,0	10,1	1,1	1,0	11,0	10,2	2,4	0,6	0,7	1,0	0,20
16,5	16,8	15,2	14,1	1,3	1,2	15,2	14,3	2,8	0,7	0,9	1,2	0,25
22,5	22,8	20,9	19,5	1,6	1,4	20,9	19,8	3,5	0,9	1,1	1,4	0,30
32	32,3	29,9	28,0	2,2	1,6	29,9	28,4	4,7	1,2	1,4	1,6	0,40
45	45,3	41,8	39,3	2,8	2,2	41,8	39,8	5,7	1,5	1,7	2,2	0,50

Anmerkungen

1) Im geraden Gleis ist der Nennwert anzustreben. Im Gleisbogen ist eine Spurerweiterung zweckmäßig, zum Beispiel, wenn Fahrzeuge mit einem großen Achsabstand verkehren sollen.

2) Die Begrenzung C_{min} gilt nur im kritischen Bereich des Radlenkers, also zum Beispiel nicht bei Leitschienen, wie sie bei Gleisbögen mit kleinen Halbmessern verwendet werden, oder bei Schutzschienen auf Brücken.

3) Am Herzstück darf die Begrenzung F_{max} überschritten werden, wenn ein Spurkranzauflauf (Rad läuft auf dem Spurkranz statt auf dem Laufkranz) vorgesehen ist.

$$F_o = \frac{G - S}{2} \quad \text{bzw. am Radlenker:} \quad F_o = G - C$$

Die Einhaltung der maximalen Rillenweite am Herzstück gestattet den gemeinschaftlichen Betrieb mit Rädern, deren Spurkränze eine unterschiedliche Höhe D haben. Werden infolge der Schrägstellung der Radsätze im Rillenbereich Erweiterungen über das angegebene Maß hinaus notwendig oder muß aus dem gleichen Grund der Wert S verkleinert werden, so darf das Minimum der Spurkranzhöhe D nur 0,1 kleiner sein als das Maximum. Die Rillentiefe H_{max} darf dann nur $\geq H_{min} + 0{,}1$ sein. Gleisstücke mit vergrößerter Rillenweite F sind für Fahrzeuge nach NMRA-Standards nicht geeignet.

4) H_{min} gilt nur für die Tiefe der Rillen am Herzstück. Im übrigen ist eine Tiefe $H' > 1{,}3\,H$ unter SO einzuhalten. Die Kanten der nichtmetallischen Herzstücke sollen 0,1 unter SO liegen.

5) Die Radbreite darf kleiner als N_{min} sein, wenn die Bedingungen des Spurkranzauflaufs nach Anmerkg. 3) erfüllt sind und wenn $K + N > G_{max}$ gewählt wird.

6) Das Maß D kann bis zur maßstäblichen Wiedergabe verkleinert werden, wenn ein Spurkranzauflauf nicht vorgesehen ist.

Normen Europäischer Modellbahnen **Lehre für Radsatz und Gleis** **der Spurweite 16,5 mm**	**Beiblatt 1 zu NEM 310 / 311**

Maße in mm — Ausgabe 1984

1. Zweck

Mit der Lehre können Radsätze und Gleise der Spurweite 16,5 mm auf Einhaltung der nach NEM 124, 127, 310 und 311 festgelegten Maße überprüft werden.

2. Form und Abmessungen der Lehre

Die Lehre besteht aus einer ca 0,5 mm starken Metallscheibe.

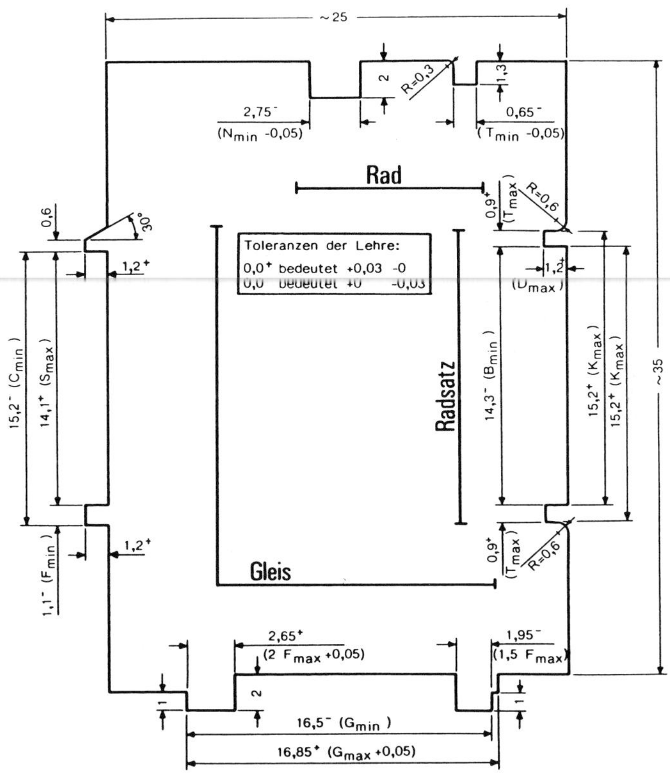

Der Lehre wird vom Hersteller eine Gebrauchsanleitung beigegeben, aus der die Handhabung ersichtlich ist.

Die Lehre wird von der Firma

Hermann Heless
Teschnergasse 20/1/17
A-1180 Wien

hergestellt und kann unter der Bestellnummer 9990 über den Modellbahn-Fachhandel bezogen werden.

MOROP

Normen Europäischer Modellbahnen

Radreifenprofile

NEM 311

Seite 1 von 1

Empfehlung **Maße in mm** **Ausgabe 1994**

(ersetzt Ausgabe 1984)

1. Räder mit Radreifen nach Abb. 1 besitzen eine hohe Laufsicherheit auf Gleisen, die nach NEM gebaut sind.

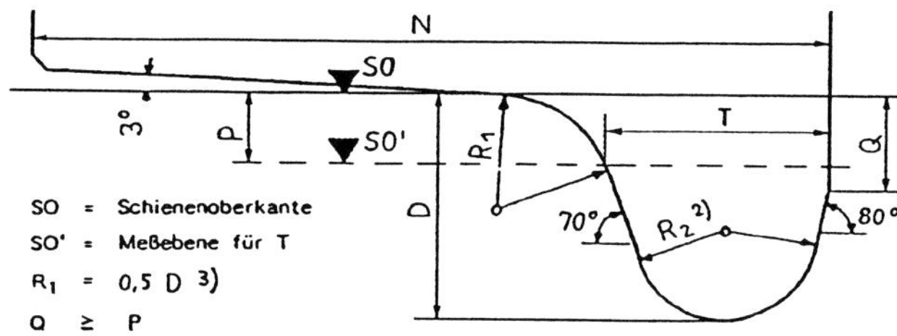

Abb. 1

Abmessungen (nach NEM 310)

Spurweite	N_{min} 1)	T_{min}	T_{max}	D_{max}	P
6,5	1,55	0,41	0,46	0,6	0,10
9	2,2	0,5	0,6	0,9	0,15
12	2,4	0,6	0,7	1,0	0,20
16,5	2,8	0,7	0,9	1,2	0,25
22,5	3,5	0,9	1,1	1,4	0,30
32	4,7	1,2	1,4	1,6	0,40
45	5,7	1,5	1,7	2,2	0,50

Anmerkungen zu Abb.1 und Tabelle

1) Die Radbreite darf unter den in NEM 310 genannten Bedingungen kleiner als N_{min} sein.

2) Die Spitze des Spurkranzes ist abzurunden (R_2).

3) Die Ausrundung R_1 zwischen Lauf- und Spurkranz hat eine hohe Bedeutung für die Laufsicherheit und muß größer als die Schienenkopfausrundung R nach NEM 120 sein. Bei Rädern mit Haftreifen kann auf die Ausrundung verzichtet werden.

2. Die Spurkranzhöhe D kann nach Abb. 2 ohne Beeinträchtigung der horizontalen Führungsfunktion beliebig bis auf etwa 0,5 D_{max} verkleinert werden. Auf die Einhaltung des Radsatz-Grenzmaßes K_{max} nach NEM 310 ist zu achten.

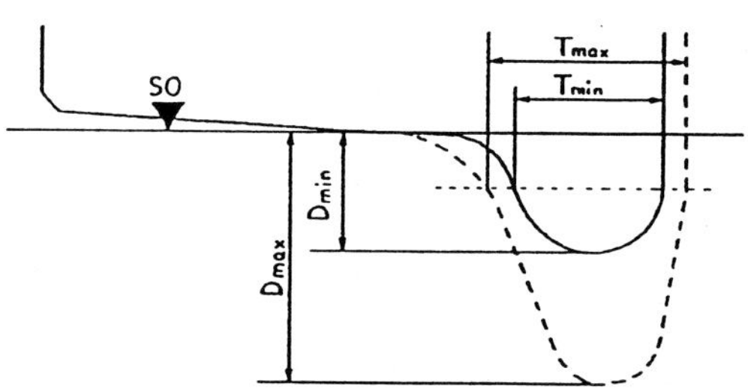

Abb. 2

Geringe Spurkranzhöhen erfordern sorgfältig verlegte Gleise und eine sichere Allradauflage.

D_{max} sollte nur bei Modellen mit großem Achsstand ohne Allradauflage angewandt werden. D_{max} ist ferner einzuhalten, wenn aus mechanischen oder elektrischen Funktionsgründen ein Spurkranzauflauf im Herzstückbereich von Weichen und Kreuzungen vorgesehen ist.

Normen Europäischer Modellbahnen

Wagenradsatz für Zapfenlager

NEM 313

Empfehlung **Maße in mm** **Ausgabe 1978**

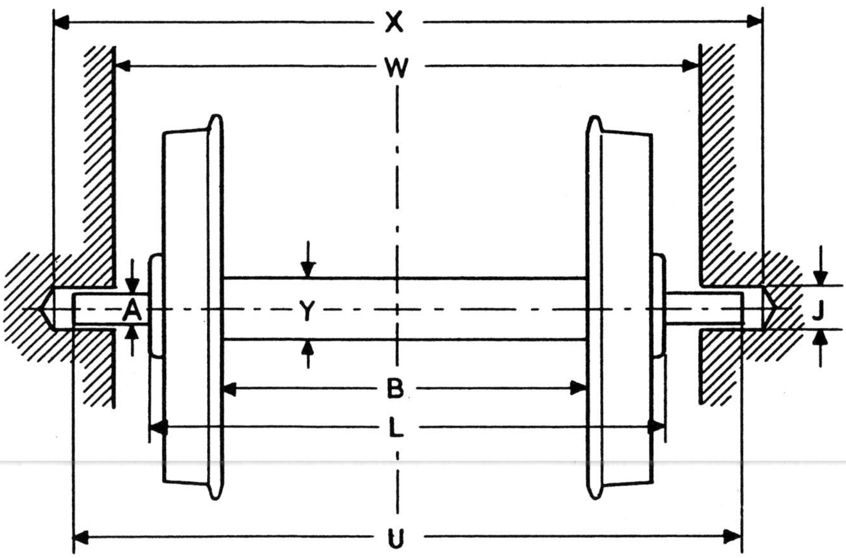

Maßtabelle

Spurweite [1]	A max	Y [2]	J min	B min [3]	L max	U	W	X
12	1,0	1,5	1,2	10,2	15,8	20,2 ± 0,2	17,4 + 0,4	20,6 + 0,6
16,5	1,0	2,0	1,2	14,3	20,8	25,5 ± 0,2	22,4 + 0,4	25,8 + 0,8
22,5	1,5	3,0	1,7	19,8	27,8	33,9 ± 0,3	29,6 + 0,5	34,4 + 0,6
32	2,0	4,0	2,2	28,4	39,0	46,4 ± 0,4	41,0 + 0,6	47,0 + 0,4
45	3,0	5,0	3,2	39,8	52,7	63,9 ± 0,6	55,0 + 0,8	64,7 + 0,4

Anmerkungen

[1] Für die Spurweiten 6,5 und 9 mm ist die Zapfenlagerung nicht anzuwenden.

[2] Richtmaß.

[3] Nach NEM 310.

Normen Europäischer Modellbahnen

Wagenradsatz für Spitzenlager

NEM 314

Empfehlung **Maße in mm** **Ausgabe 1978**

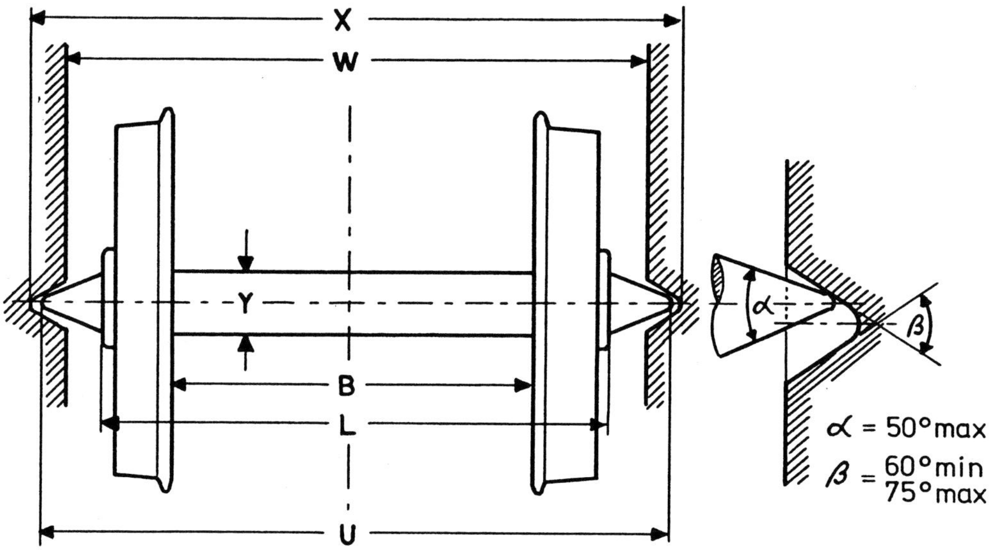

Maßtabelle

Spurweite [1]	Y [2]	B [3] min	L max	U	W	X
6,5	1,0	5,25	8,75	10,4 ±0,1	9,0 ± 0,1	10,8 — 0,1
9	1,0	7,4	12,5	14,7 ± 0,2	12,5 + 0,5	15,2 — 0,2
12	1,5	10,2	15,8	18,5 ± 0,2	16,3 + 0,5	19,0 — 0,2
16,5	2,0	14,3	20,8	24,5 ± 0,2	21,4 + 0,6	25,0 — 0,2
22,5	3,0	19,8	27,8	33,2 ± 0,2	28,6 + 0,8	33,7 — 0,2

Anmerkungen

1) Für die Spurweiten 32 und 45 mm ist die Spitzenlagerung nicht anzuwenden.

2) Richtmaß.

3) nach NEM 310.

Normen Europäischer Modellbahnen

Radsatz und Gleis für Mittelleiterbetrieb

NEM 340

Dokumentation **Maße in mm** **Ausgabe 1987**

1 Zweck

Diese Norm enthält zum Teil von NEM 310 abweichende Maße für Radsatz und Gleis sowie Angaben über Mittelleiter und Stromabnahme entsprechend dem System MÄRKLIN H0.

Das System MÄRKLIN H0 beruht auf dem symmetrischen Mittelleiter- und Oberleitungsbetrieb (Speisesystem 0-4 bzw. 0-3 nach NEM 620).

2 Radsatz und Gleis

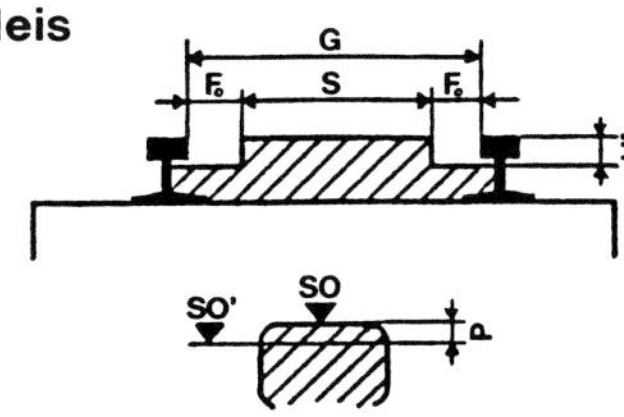

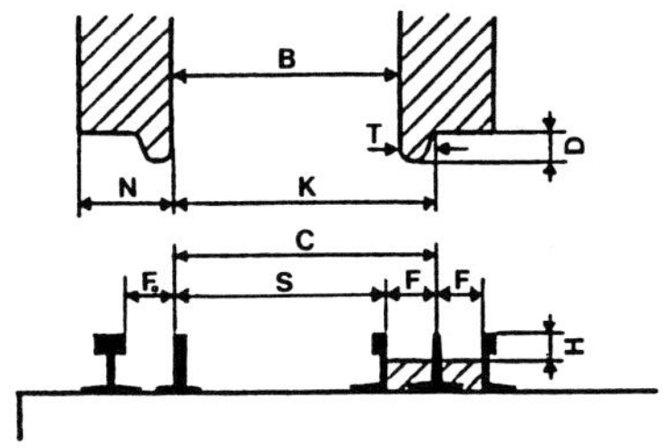

SO = Schienenoberkante
SO' = Meßebene für alle waagrechten Maße dieser Norm

Maßtabelle für		Gleis				Radsatz		Rad				
Spurweite G		C	S	F	H	K	B	N	T		D	P
Nennwert	max	min	max	max	min	max	min	min	min	max	max	
16,6	16,7	15,0	13,6	1,7	1,3	15,0	14,0	3,0	0,9	1,0	1,35	0,25

Es gelten sinngemäß die Anmerkungen in NEM 310

3 Mittelleiter

Als Mittelleiter wird aus optischen Gründen in der Regel anstelle einer durchgehenden Schiene eine Punktkontaktreihe verwendet.

Abstand:	Die Punktkontakte werden im allgemeinen im Schwellenabstand angebracht; der doppelte Schwellenabstand (ca 16 mm) darf nicht überschritten werden.
Höhenlage:	Zwischen 1,8 unter SO und 0,6 über SO.

Seitliche Abweichung:

- im Normalgleis:	In der Regel ±0. Einzelne Punktkontakte können bis ca 2,2 mm außerhalb der Mitte liegen.
- in Weichen:	Die seitliche Abweichung ist von der Weichengeometrie abhängig und im Einzelfall zu ermitteln.

4 Stromabnahme

Die Stromabnahme vom Mittelleiter erfolgt über Schleifschuhe mit folgenden Abmessungen:

Nutzbare Länge:	- bei 1 Schleifer:	Minimum	44,0
		Maximum	56,0
	- bei 2 Schleifern:	je Schleifer	36,0
Breite:	5,0		

Adressen von Herstellern *)

ASOA Klaus Holl Postfach 440140 80750 München	Gleisschotter, Schotterkleber und Fließverbesserer
Auhagen GmbH Hüttengrund 25 09496 Marienberg/Erzgeb.	Häuser-Modellbausätze in H0 und TT, Bahnübergänge, Halbzeuge und Zubehör, Schranken, Mauerwerksplatten, Rampen
Bemo Modelleisenbahnen GmbH Stuttgarter Str. 59 73066 Uhingen	Gleismaterial und Fahrzeuge in H0m und H0e
BRAWA Postfach 1260 73625 Remshalden	Fahrzeuge und Zubehör in II, H0, TT, N, Z
Feather über REPA Modellbau	Weichenantriebe
FLEISCHMANN, Gebr. Kirchenweg 13 90259 Nürnberg	Gleise und Fahrzeuge in H0 und N, Schranken
fohrmann WERKZEUGE Sydowstraße 7 c-d 45731 Waltrop	Werkzeuge, Profile, Muttern und Schrauben
Fulgurex über WEINERT MODELLBAU	Weichenantriebe, Modellfahrzeuge
Hobby-Ecke Schuhmacher Lerchenhofstraße 18 71711 Steinheim-Kleinbottwar	Fahrzeuge versch. Nenngrößen, Selbstbaugleissysteme, Weichenantriebe, Farben und anderes Zubehör, Prellböcke
Kosak, Willy Verlagsges. m.b.H., Burgstraße 17, 91284 Neuhaus	Kleinserien und Zubehör, Gleissystem H0*pur* (eingetr. Warenzeichen)
Lemaco über BRAWA	Weichenantriebe, Fahrzeuge in H0
Lux-Modellbau Neuer Graben 9 49324 Melle	Weichenantriebe, Schienenreinigungsfahrzeuge

Märklin, Gebr., & Cie. GmbH Postfach 860 73008 Göppingen	Gleise und Fahrzeuge in I, H0 und Z, Brücken, Schranken
NMW-Modellbau Reinhold Bachmann Sonnenplatz 2 95028 Hof (Saale)	Weichenantriebe, Signale, Zubehör
Old Pullman über Hobby-Ecke-Schumacher	Weichenantriebe
PECO über WEINERT-Modellbau	Gleise für H0 und N, Brücken, Bahnsteige, Mauersteinplatten, Prellböcke
Pilz über Tillig	Gleismaterial für H0 und TT, Fahrzeuge in TT
RAINERSHAGENER NATURALS Graßhoffstraße 40A 32425 Minden-Todtenhausen	Schotter, Sande, Puder, Flora, Geländebaumaterialien, Kleber und Beizen
Repa Rolf Ertmer Caspar-Kropff-Weg 3 33184 Altenbeken	Zubehör in 0 und H0, Weichenantriebe
Roco Modellspielwaren GmbH & Co. KG Jakob-Auer-Str. 8 A-5033 Salzburg	Fahrzeuge und Gleismaterial
technomodell Ing. Gerhard Walter Prof.-von-Finck-Str. 1 01101 Dresden	Fahrzeuge und Gleismaterial i H0e und IIm
Tillig Modellbahnen Promenade 1 01855 Sebnitz	Gleismaterial und Fahrzeuge in TT, H0 und H0e
WEINERT MODELLBAU Mittelwendung 7 28844 Weyhe/Dreye	Fahrzeug-Kleinserienbausätze, Zurüstteile, Signal- und Schrankenbausätze, Prellböcke, Zubehör in H0 und 0

*) Hier werden nur die Firmen aufgeführt, die im Zusammenhang mit dem Inhalt dieses Bandes stehen oder deren Erzeugnisse in diesem Band dargestellt sind. Weitere Firmenadressen sind in anderen Bänden der Reihe »Die Modellbahn-Werkstatt« zu finden.

Sachwortverzeichnis

Die Modellbahn-Werkstatt

»Die Modellbahn-Werkstatt«
Georg Kerber/Andreas Stirl
Planen und Bauen von Modellbahnanlagen
Ein zuverlässiger Ratgeber für die Planung auf dem Papier, zur zweckmäßigsten Nenngröße, zu Platten- und Rahmenbau, Holz und Metall, Auswahl der Gleise und zur Landschaftsgestaltung.
128 Seiten, 124 Sw-Abb., 27 Farb-Abb., gebunden
DM 29,80/sFr 29,80/öS 218,–
Bestell-Nr. 71027

»Die Modellbahn-Werkstatt«
Georg Kerber/Andreas Stirl
Gleisbau auf Modellbahnanlagen
Anleitungen zur optimalen Linienführung der Gleise, Vermeidung zu starker Neigungen sowie einwandfreier Gestaltung von Ober- und Unterbau zur Erreichung vorbildgerechten Fahrverhaltens.
136 Seiten, 136 Sw-Abb., 30 Farb-Abb., gebunden
DM 29,80/sFr 29,80/öS 218,–
Bestell-Nr. 71034

Georg Kerber
Anlagen-Porträts
Modellbahn-Faszination pur: 22 Modellbahnanlagen sowie die diesen Anlagenkonzepten zugrunde liegenden Vorbilder werden vorgestellt und genaue Erläuterungen gegeben zu Bau und Steuerung der Anlagen, zu Fahrzeugen, Gleismaterial, Geländegestaltung und Gebäuden.
112 Seiten, 188 Farb-Abb., geb.
DM 29,80/sFr 29,80/öS 218,–
Bestell-Nr. 71013

Günter Fromm
Gleispläne für die Modelleisenbahn
50 Gleispläne bekannter Bahnhöfe lassen sich mit diesem Buch für den Modellbahnbetrieb verwirklichen, mit vielen Zeichnungen und Fotos von Empfangsgebäuden, von Stellwerken sowie von Güter- und Lokomotivschuppen.
160 Seiten, 158 Abb., geb.
DM 29,80/sFr 29,80/öS 218,–
Bestell-Nr. 70914

»Die Modellbahn-Werkstatt«
Georg Kerber/Andreas Stirl
Brücken und Kunstbauten auf Modellbahnanlagen
Stützmauern, Tunnel, Durchlässe usw., Rampen, Prellböcke, Bahnsteige, Schranken, Drehscheiben und viele andere Bauten rund um den Bahnbetrieb sind Thema dieses Bandes.
132 Seiten, 125 Sw-Abbildungen, 30 Farb-Abbildungen, gebunden
DM 29,80/sFr 29,80/öS 218,–
Bestell-Nr. 71048

trans press

IHR VERLAG FÜR EISENBAHN-BÜCHER

Postfach 10 37 43 · 70032 Stuttgart
Telefon (0711) 2108065
Telefax (0711) 2108070